水下清淤机器人系统及其先进控制方法

张　强　胡宴才　著

中国水利水电出版社
www.waterpub.com.cn
·北京·

内 容 提 要

本书系统深入地总结了履带式水下清淤机器人系统基础理论及作者多年来在水下清淤机器人运动控制等方面取得的主要研究成果，涵盖了履带式清淤机器人系统设计、系统仿真与计算分析、模型与样机的介绍等方面的内容以及轨迹跟踪典型运动控制问题，并结合 Lyapunov 稳定性理论、Backstepping 控制理论、RBF 神经网络逼近原理、自适应技术、最小参数学习法、动态面技术、观测器设计、滑模控制等先进理论和方法，设计了履带式水下清淤机器人轨迹跟踪控制策略。

本书可作为交通运输工程、船舶与海洋工程、交通信息工程及控制等学科的研究生和航运科学与技术、自动化等相关专业的高年级本科生的教材或参考书，也可供相关领域的学者和工程技术人员参考。

图书在版编目（CIP）数据

水下清淤机器人系统及其先进控制方法 / 张强，胡宴才著. -- 北京：中国水利水电出版社，2022.5
ISBN 978-7-5226-0433-6

Ⅰ．①水… Ⅱ．①张… ②胡… Ⅲ．①水下作业机器人－清淤－控制系统 Ⅳ．①TP242.2

中国版本图书馆CIP数据核字(2022)第019768号

策划编辑：石永峰　责任编辑：鞠向超　加工编辑：吕慧　封面设计：梁燕

书　　名	水下清淤机器人系统及其先进控制方法 SHUIXIA QINGYU JIQIREN XITONG JI QI XIANJIN KONGZHI FANGFA
作　　者	张强　胡宴才　著
出版发行	中国水利水电出版社 （北京市海淀区玉渊潭南路 1 号 D 座　100038） 网址：www.waterpub.com.cn E-mail：mchannel@263.net（万水） 　　　　sales@mwr.gov.cn 电话：(010) 68545888（营销中心）、82562819（万水）
经　　售	北京科水图书销售有限公司 电话：(010) 68545874、63202643 全国各地新华书店和相关出版物销售网点
排　　版	北京万水电子信息有限公司
印　　刷	三河市华晨印务有限公司
规　　格	170mm×240mm　16 开本　13.5 印张　219 千字
版　　次	2022 年 5 月第 1 版　2022 年 5 月第 1 次印刷
定　　价	58.00 元

前　　言

随着我国综合国力的提高，以及经济水平和科学技术的提升，越来越多的跨海大桥相继建成或开工，跨海大桥的规模、形式也变得更加复杂多样，如杭州湾大桥、港珠澳大桥、青岛胶州湾大桥、海口如意岛跨海大桥等。与此同时，我国许多桥梁沉井尺度达到了创世界纪录的空前水平，但由于缺少可借鉴的成熟经验，因此，急需结合工程实际开展基于履带式清淤机器人的大型水下桥梁建设用淤泥清理方案设计工作。由于清淤机器人的运动控制效果决定了其清淤效率，并直接关系到桥梁建设的经济成本和工期问题，因此研制高效、精确、节能的履带式清淤机器人的运动控制系统备受国内外研究学者的关注。

近几十年来，各类先进控制方法层出不穷，这也为水下清淤机器人运动控制的发展增添了活力。作者多年来在水下清淤机器人系统设计及其运动控制领域从事科研工作，积累了一些经验和成果。因此，本书针对大型桥梁建设中淤泥清理施工的一些关键性技术难题，创造性地设计了一种沉井施工履带式水下清淤绞吸机器人系统；通过设计绞吸机器人，解决沉井清淤施工作业中的关键科学问题；围绕履带式水下绞吸清淤机器人运动控制开展应用创新研究，并针对运动控制中的外界不确定扰动、模型不确定和输入饱和等问题提出解决方案。

本书共 12 章，第 1 章为绪论；第 2 章为机器人系统理论基础；第 3 章为履带式水下清淤机器人系统设计；第 4 章为履带式水下清淤机器人系统的计算与仿真分析；第 5 章为履带式水下清淤机器人的模型与样机；第 6 章为履带式水下清淤机器人运动控制理论基础；第 7 章为基于 Backstepping 的水下清淤机器人轨迹跟踪控制；第 8 章为基于自适应自调节 PID 的水下清淤机器人轨迹跟踪控制；第 9 章为基于自适应 RBF 神经网络的水下清淤机器人轨迹跟踪控制；第 10 章为基于自适应滑模观测器的水下清淤机器人轨迹跟踪控制；第 11 章为基于自适应滑模水下清淤机器人轨迹跟踪控制；第 12 章为基于自适应有限时间滑模的水下清淤机器人轨迹跟踪控制。

本书获得国家自然科学基金项目（51911540478）、山东省重大科技创新工程项目（2019JZZY020712）、山东省研究生教育教学改革研究项目（SDYJG19217）的资助。本书由山东交通学院张强和胡宴才合著，研究生薛国庆、陈麒宇和郭高阳参与了本书部分内容的研究工作，山东交通学院的张燕、张树豪、刘洋以及山东未来机器人有限公司陶泽文对本书的撰写和研究工作给予了很多帮助。另外，哈尔滨工程大学秦洪德教授、西北工业大学崔荣鑫教授对本书进行了审阅。在此，对他们表示由衷的感谢。

由于作者时间和精力有限，书中不妥之处在所难免，欢迎读者批评指正。

作 者

2022 年 1 月

目　　录

第1章 绪论

1.1 工程背景

跨海深水大型桥梁建设是我国智慧港口与海洋工程建设中的重大基础工程。随着我国桥梁建设的飞速发展,桥墩施工中的沉井基础以其整体性好、承载能力强、刚度大等优点被广泛应用于桥梁工程。其作业思路为从井内清理淤泥,并依靠自身重力克服井壁摩阻力后下沉到设计标高,然后采用混凝土封底并填塞井孔,使其成为桥梁墩台或其他结构物的基础。目前,随着桥梁跨度的发展,深水沉井基础趋于大型化,其工艺技术面临日益复杂的问题,尤其是在深水特大型沉井淤泥清理方面缺少足够的技术支撑和装备保障。与此同时,我国许多桥梁沉井尺度达到创世界纪录的空前水平,但由于缺少可借鉴的成熟经验,因此,急需结合工程实际开展大型水下桥梁建设用淤泥清理技术开发及产业化工作。

常泰过江通道位于泰州大桥与江阴大桥之间,分别距离泰州大桥约28.5km,距离江阴大桥约30.2km。主桥采用上下层布置,上层桥面布置双向6车道高速公路,设计速度为100km/h;下层桥面上游侧布置两线城际铁路,设计速度为200km/h;下层桥面下游侧布置4车道一级公路,设计速度为80km/h。

本书所提及的履带式水下清淤机器人系统应用于正在建设中的常泰大桥的桥墩建设部分。常泰过江通道主墩基础是一种新型的台阶式防冲刷沉井,平面尺寸为95m×57.8m。从平面尺寸来看,该沉井是目前国内最大的水中沉井,通过井内清淤沉井下沉入土的最大深度可达48m,下沉过程中会穿越硬塑黏土、密实砂层、黏土-密实砂互层。沉井基础为钢壳混凝土结构,底节钢沉井整体拼装、浮运、定位,其余钢沉井分节接高,灌注井壁混凝土,通过井内取土下沉。利用绞吸机器人清淤技术策略，可以着力解决桥梁清淤施工的共性问题。

根据以上背景与需求，针对深水大型沉井清淤施工中的水下挖掘环境和环境"看不清"、对井形和土层"适应差"、挖掘"不持续""有盲点"等技术难题进行突破，探索智能化、专业化清淤施工技术，通过设计一套水下绞吸机器人方案，实现数字化、一体化清淤作业。所设计的井内智能清淤方案如图1.1所示。

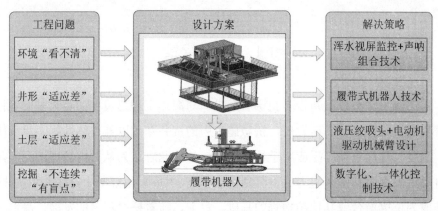

图1.1　沉井智能清淤整体方案图

针对作业环境能见度不良"看不清"的问题，利用装配水下视频监控、前视声呐和避碰声呐传感器的组合监测技术，对环境进行实时监测，并将数据实时反馈到操作显示器上，同时，该技术还可监控绞吸机器人运动姿态和沉井实时几何姿态，有利于控制施工精度；针对现有设备对井形"适应差"的问题，提出履带式绞吸机器人清淤技术；针对井下土层"适应差"问题，设计带有液压绞吸头和自主研发的水下专用液压电动机驱动的机械臂；通过使用模块化集控吊装平台对履带式清淤机器人进行吊装作业和控制，实现数字化、一体化挖掘作业，可解决传统作业的"不持续""有盲点"的问题，从而达到智能化、可视化、标准化的施工目的。本书从履带式清淤机器人智能清淤出发，围绕履带式清淤机器人运动控制进行研究。以常泰大桥沉井清淤作业实际工程为载体，可在不小于100m水深的情况下作业，且满足单台装备150m^{2}井孔每天取土高度不小于1m的作业目标，相比传统技术，具有高效率、高精度优势，可为桥梁施工、海工水下作业提供理论指导和装备支持。

1.2   研究现状

1.2.1   清淤技术国内外现状及其发展趋势

目前,我国常用的桥梁用清淤取土方式有以下几种,即空气吸泥法、抓斗法、高压射水法等[1],所采用的机械设备通常为空气吸泥机、抓斗、高压水泵、空压机、绞吸机等。其中,空气吸泥技术一般采用自制的空气吸泥机下沉装置,通入高压空气吸渣,并配备潜水人员下水作业,促使沉井快速下沉,虽然该沉井吸泥方法摆脱不了人工操作,但解决了沉井下沉断面地质变化给排泥带来的困难,提高了终沉阶段的吸泥效率[2]。在马鞍山长江大桥北锚碇沉井基础下沉施工过程中,根据地层的深入和地质情况变化,先采取排水下沉法,后期则进行不排水吸泥下沉的方法,终沉阶段启动空气幕助沉措施,确保了沉井下沉的稳定,在加快施工进度、提高工程质量、降低施工成本等方面取得了显著效果。在武汉杨泗港长江大桥 2 号主塔沉井下沉过程中采用了绞吸式挖泥机和高压射水法来挖取坚硬性黏土。使沉井下沉到设计高程是确保成功的技术保证。在南京长江四桥北锚碇沉井下沉施工过程中,在沉井前期采用沉井降水和泥浆泵吸泥的排水下沉方案,后期采用空气吸泥机吸泥的不排水下沉方案,使沉井顺利下沉到位,同时减少对长江大堤的不利影响。高压射水沉井吸泥法是利用高压水力完成对土层的破坏,并将土层中泥土与水充分混合形成水泥混合物,而后使用水力吸泥机(或者泥浆泵)将水泥混合物抽出排放至泥浆沉淀池,然后将沉淀池中的水资源重复用于高压水枪的水源,持续进行土层破坏工作。而针对硬黏土层清淤施工问题,在国内工程应用中,采用了一种绞吸机突破方法,其中绞吸机主要由潜水动力头装置、空气反循环装置以及钻头组成。

国外在沉井泥沙清理方面也做了大量研究。最早,法国工程师将气闸发明应用到沉箱下沉开挖中,而气压沉箱的使用没法在有水的环境下进行,因此德国开发了盾构掘进机,是沉箱气压平衡技术使用的延伸。日本引进了气压沉箱技术,并在此基础上进行了创新,让设备代替人工,让智能代替人脑,使工作效率进一步提升。德国自主研发了自动泥水分离设备，将分离物分别清理，能够应付各种复杂地层沉井操作，使工作效率进一步提高。

上述研究均涉及水下桥墩沉井吸泥下沉技术，但未涉及本书所提到的大型桥梁用清淤机器人及其相关技术。目前，清淤装备与技术研究有如下发展趋势：

（1）专业化和自动化。随着大尺度桥梁沉井施工的不断增多，传统作业手段难以适应桥梁施工作业的快速性、安全性发展，而随着自动化技术、计算机技术及控制通信、定位导航和传感技术的发展，水下清淤机器人正逐步在桥梁沉井清淤施工等作业中普及。

（2）高效率、可靠性和精确性。由于沉井水下环境的复杂性和不确定性，尤其是有候潮作业等约束，桥梁沉井清淤施工需要一定的高效性和可靠性。同时，清淤精度直接关系到沉井下降的精度和桥墩的稳定性，这对清淤施工的精确性提出了很高的要求。

（3）模块化、通用性。本书所设计的清淤技术都需要大型装备来实现，造价成本十分昂贵。因此，从经济成本角度来考虑，为适应不同沉井井形和基土土层的影响，需要设计满足模块化、通用性的装备要求。

1.2.2 AUV 国内外发展现状

1. AUV 国内外的发展现状及应用

AUV（Autonomous Underwater Vehicle）是一种具有自主导航和决策支持功能的人工智能水下平台，可以代替人们在含氧量低、能见度差的条件下执行长期高压的水下探测和搜救任务。与有缆航行器（Remotely Operated Vehicle，ROV）相比，AUV 具有灵活性高、成本低、密封性好、活动范围广等优点。目前，AUV 广泛应用于军事、民用等领域，提供海洋资源勘探、水下管道铺设、海洋地形勘测测绘、堵塞防控、海岸巡逻等功能，是帮助人们了解海洋资源演变和维护领土主权的有力工具。

在民用领域，AUV 可用于执行海底地形调查、石油和天然气勘探、搜索和救援行动以及其他任务。当联合国在 2014 年 4 月搜寻失踪的马航客机时，众所周知，美国使用了更先进的水下无人机 Bluefin-21 来广泛搜索可疑水域。中科院沈阳自动化研究所与哈尔滨工业大学联合研制的"潜龙一号"深潜 AUV 完成了中国海底自然资源研究和海底管道检查等任务。AUV 在民用领域的典型应用如图 1.2 和图 1.3 所示。

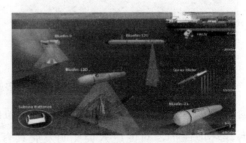

图 1.2　Bluefin-21 用于失事航班搜寻　　　　图 1.3　AUV 用于海底管道的检测

　　在军事领域，AUV 可用于执行探测军事目标、防御反潜、探测鱼雷、海上巡逻、发射鱼雷等军事活动。2003 年第二次海湾战争期间，美国海军使用 Remus-100 AUV 成功跟踪和调查了伊拉克军港。作为现代海军的重要组成部分，AUV 以其优越的伪装和自主性发挥着不可替代的作用。图 1.4 为 AUV 在军事领域的应用，图 1.5 展示了 AUV 配合其他舰艇作战的应用情况。

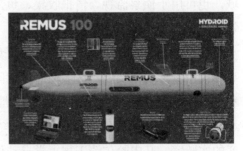

图 1.4　Remus-100 AUV 用于美国海军军事行动　　　图 1.5　AUV 配合其他舰艇作战

　　AUV 从驱动特性的角度来划分，即根据运动自由度相对应的需要被控制的量的数目与系统可以输出控制量的数目之间的关系，可分为过驱动、全驱动和欠驱动 3 种类型。其中，欠驱动因为其控制难度较高而引起各国研究人员的广泛关注。图 1.6 是 Oceanscan-MST 型欠驱动 AUV，图 1.7 为具有辅助推进器的哈工程"白豚"号 AUV。

图 1.6　Oceanscan-MST 型欠驱动 AUV   图 1.7　"白豚"号 AUV

随着人口逐渐增长，地球上可用的资源逐渐减少。地球的 71% 被海洋覆盖。海洋蕴藏着大量的海底石油、天然气等资源。公平、合理地利用海洋资源，尊重海洋环境保护，对促进人类文明发展具有十分重要的现实意义[3]。我国有漫长的海岸线、众多的岛屿和 300 万平方千米的水域。因此，发展海洋经济和国防对我国非常重要。与陆地环境相比，海洋环境非常复杂、难以预测，使得海洋能源资源的开发利用非常困难。AUV 作为一种机动性、抗压能力和耐力优异的小型水下移动平台，是海洋资源勘探的有力工具之一[4]。AUV 作为一种集信息处理技术、动力推进技术、水下导航技术、自动控制技术于一体的无人潜艇平台被广泛应用。它不仅可用于海洋科学研究、海洋石油开发、水下侦察、水下目标探测等民用领域，也可用于侦察监视、情报收集、鱼雷探测、战术海洋研究和目标探测等军事领域[5-12]。

20 世纪中期，国外的专家学者便开始了对水下潜器的研究，因水下潜器在军事和民用领域的重要性，许多沿海发达国家都非常重视。以美国、加拿大、英国和俄罗斯为代表的西方国家，以及亚洲国家中的中国和日本，先后建立了研究 AUV 的相关机构、高等院校和国家科学技术研究院，建立了专门从事船舶技术研究的实验室。其中哈尔滨工程大学自动化研究所（沈阳）和哈尔滨工程大学（哈尔滨）是国内较早成立的水下机器人研究所，且哈尔滨工程大学在国家支持下建立了"水下机器人国防科技重点实验室"。

美国在 AUV 的研究和开发方面开始得较早，其拥有着世界上最大的 AUV 研究机构，引导着世界 AUV 研究技术的发展方向[13]。1994 年，美国海军开始研制探测海底地形和扫描沉雷的军用 AUV。2004 年，美国的相关部门提出了水面和水下联合作战的新思路，并规划新的研究方向，在水下机器人、潜艇和舰艇之间的通信能力投入了大量精力；美国为巩固其海洋霸主的地位，曾经计划在 2020年，增加海军装备到 1000 多艘 AUV，实现与航母战斗群并肩作战。

美国较早投入无人水下潜器的机构是伍兹霍尔海洋研究所，相关研究人员历经 9 年设计制造出无人水下潜器——Nereus。它的第一个任务是独立探测海底，第二个任务是遥控完成指定任务。2009 年 5 月 31 日，Nereus 在马里亚纳海沟创下了当时的下潜深度记录，其最大潜深达 10902m。另一个比较具代表意义的 AUV 是由夏威夷大学研制的圆球形水下潜航器 ODIN 号，其独特的结构——具有 8 个推力器，可以使其进行 6 个自由度的运动。ODIN 主要用于军用领域，曾经被用来探测海底的地形。小型 AUV 中具有代表意义的是美国 Nekton 公司设计生产的水下潜器"巡逻兵"，其规格大概为长 0.92m、直径 0.09m、重量 4.5kg，当时测定得到的最长工作时间为 8.4h。该潜器被用于民用领域，主要执行海底生态环境检测任务。由美国斯坦福大学与蒙特利海湾水源研究学院两部门联合研制的水下潜器 OTTER 试验成功，标志着水下潜航器成为海洋开发和科研的常用工具。

近年来，英国作为沿海发达国家之一，主要对民用 Autisub 系列和军用 Tailsmman 系列两种领域的 AUV 进行了研制。具有代表性的有"护身符"AUV，通过搭载"喷水鱼"灭雷器可以完成各种军事任务，包括海底鱼雷检测任务、地形勘探和水下作战战术训练，是世界上第一艘可以多任务结合执行的水下无人潜器[14]。

法国最具代表性的 AUV 研发单位是 ECA 公司，因其研制的 AUV 具有较好的机动性而闻名。其中型号为 Alister 的自主式 AUV，在军事领域内的突破很大，可以完成 3000m 以下的水下管道铺设监察、失事沉船打捞这种难度较大的任务。在反水雷技术领域，法国也具有一定的突破，Redermor AUV 作为 Oilster AUV 进一步研究的成果，能够结合各式反雷系统，执行反水雷军事行动。此外，法国的研究者对 Oilster 新型 AUV 进行了升级改造，并提出了一种多用途结合反雷系统的概念，继而研发出一种新型 AUV——REDERMOR[15]。

日本作为东亚地区的沿海发达国家，对于水下机器人的研究也较为先进。其主要研究机构是东京大学。东京大学自主研发的自动控制水下潜器有 TWIN-BURGER 1 代、2 代智能小型水下潜器。

迄今为止，国际潜艇工程组织自主研发出几种具有代表性的小型水下潜器。

其中，以 Dolphin-1 和 Dolphin-2 系列的 AUV 为代表。SE 研究机构在固定半潜式机器人方面具有重大突破。其主要用于完成在恶劣条件下的运动控制任务。在与不同类型的 AUV 相比之下，Dolphin 系列 AUV 的续航能力、航行速度、通信能力等都具有较大优势。其中，Dolphin 系列的半潜式 AUV 在加拿大附近海域执行了一次水文勘测环境调查任务。

我国的海洋矿产资源和生物资源种类丰富，水下潜航器是海洋资源开发和加强海军建设的重要突破口。我国对水下机器人的研究最早是在 20 世纪中期。我国拥有七百多个重点研究机构，其中具有代表性的包括沈阳自动化所、哈尔滨工程大学、上海交通大学、西北工业大学和华中科技大学等单位。这些机构主要在以下方面做出了贡献：有人有缆的 I 型救生钟，该 AUV 的主要功能为救生；有人有缆的单人常压潜水器——QSZ；有人有缆小型水下运载器 8A4；水下潜器 HR-01ROV，它可同时应用于军民两方面；等等。我国所研制的潜水器在某方面达到甚至超越国际水平。I 型救生钟是我国自主研发的第一代潜器，主要执行打捞救援任务，在民用领域应用比较多，尤其是在复杂海况下的救生工作，其最大下潜深度纪录是 130m，在当时处于世界先进水平，救捞人次可达 8 人，尤其是在海况良好的救援环境中，救援效率极高。在下潜深度限制的情况下，中科院自化所联合国内一些科研单位共同研发出一种下潜深度可达 200m 的深水型 AUV "海人一号"。此后，国内又在 AUV 下潜深度领域内取得了较大突破，研发出的自动式无缆水下潜航器的下潜深度为 1000m 和 6000m。

2. AUV 运动控制国内外研究现状

通过分析 AUV 在军民两个领域内应用的情况可知，其无论是在海洋资源勘测方面还是在军事行动等方面都具有很大的研究价值[16]。由于 AUV 在海洋环境中受力关系复杂，又因体积小、速度慢，受波浪和洋流干扰的影响很大[17]。随着 AUV 操作深度和范围的增长、时间的增加以及功能和任务的增加，这些控制问题的解决是关键。减摇控制与 AUV 运动控制相结合，是 AUV 完成任务的重要技术保障。同时，AUV 运动控制系统也是一个复杂的非线性系统，要求具有较高的实时信息交换要求。有效的跟踪控制是上述应用的重要前提，确保 AUV 能够在民用和军用两个领域内发挥作用。AUV 跟踪控制的问题可以分为路径跟踪和轨迹跟踪两个方面。路径跟踪意味着 AUV 铺设始终将所需路径的弧长作为与时间无关路径曲线的变量。AUV 的实际应用要求可以跟踪石油、天然气管道和海底电缆等静态目标，以及潜艇和水面舰艇等动态目标。这就要求 AUV 能够满足追求动态目标的时序要求，这是一个后续控制问题。然而，离散型 AUV 由于其推力主要由主推进器实现，俯仰和俯仰舵分别由垂直和水平舵控制，因此具有高耦合性和强非线性。加之海洋环境受阻、能见度差等不利因素，AUV 很难跟随限时轨迹运行。

轨迹跟踪控制是 AUV 水平运动最重要的控制要求[18]，是完成任务的重要因素。但是，在存在外部干扰的情况下，AUV 的水平控制很难，而 AUV 的工作环境非常复杂，所以很容易出现不准确的跟踪。随着 AUV 的普及和智能化水平的不断提高，AUV 运动控制技术发展迅速，工程应用也日趋成熟。但是，由于 AUV 模型的动态不确定性和耦合性，以及环境干扰和复杂情况下的应用要求，AUV 运动跟踪控制技术是非常值得研究的方向[19-24]。

根据欠驱动 AUV 的跟踪目标和跟踪方式，欠驱动 AUV 跟踪控制可分为航点跟踪、路径跟踪和轨迹跟踪 3 种[25]。AUV 航点跟踪意味着 AUV 必须沿着连接多个单独航路点形成的折线行进。这个航点也是 AUV 做其他工作时的规划路线。AUV 路径跟踪的目的是使 AUV 遵循所需的路径，但所需的路径不是时间的明确函数。换句话说，行进路径与时间无关。这种跟踪策略只考虑 AUV 能否跟踪目标，对跟踪时间不作要求。而轨迹跟踪是在 AUV 跟踪轨迹时，所需的轨迹随时间变化，AUV 必须在指定时间到达轨迹上的指定位置。当欠驱动运动体在这种跟踪模式下运行时，需要两个控制输入来控制 3 个自由度。这是一个值得深入研究的问题，也是本书的重点。综上所述，在 3 个跟踪问题中，轨迹跟踪的难度较大。

AUV 的跟踪能力对于执行跟踪、阻拦和攻击等耗时任务非常重要。因此，世界各地该领域的研究人员和学者对 AUV 轨迹跟踪控制的理论和方法进行了广泛研究。经过几十年的研究探索，一些 AUV 根据控制理论进行跟踪，一些经典的方法被提出并得到应用，其输出优良、控制精度高、可行性高的优点被应用在控制 AUV 中[26-31]。AUV 跟踪目标的能力对于成功执行水下任务至关重要。因此，跟踪能力是 AUV 的必备技能之一，国内外很多科学家都在做这方面的研究。

Kaminer[32]设计了状态反馈控制器，深入研究了恒速状态下的动态变化模型，在有限区域内实现了 AUV 跟踪的有效稳定控制，进而实现了更好的跟踪效果。

K.D.Do 等[33]在存在干扰的情况下对参考轨道实施了 AUV 跟踪控制并设计了一种基于反步法和李雅普诺夫稳定性理论的控制方法。对于模型参数扰动问题，利用了连续映射变换算法。基于虚拟制导方法和遵循误差方程的 AUV 路径，Breivik 等[34-35]开发了一种跟随制导方法来跟踪 AUV 路径。使用 AUV 的姿态角度和纵向速度作为系统的输入，以此作为设计控制律的基础，并通过调整虚拟垂直导航速度解决了 AUV 路径跟踪过程中可能出现的奇异值问题。为了提高反步法得出控制律的鲁棒性，A.Pedro Aguiar 等[36]对模型不确定参数进行充分考虑，并估计学习，继而设计了轨迹跟踪控制器，提高了控制器对模型不确定和干扰的鲁棒性，利用 MATLAB 仿真试验验证了算法的有效性。为了使被控 AUV 沿着期望轨迹运行，Encarnacao.P[37]将 AUV 的航迹规划与跟踪问题串联到一起，并满足速度方向和大小的约束条件。首先将参考轨迹结合动力学模型，然后在此基础上设计了跟踪控制器，使 AUV 准确跟踪参考空间曲线路径。通过仿真试验证明了所设控制律的有效性和抗干扰能力。C.A.Woolsey 等[38]考虑了因水动力阻尼系数变化导致的模型参数不确定性，利用 Lyapunov 稳定性理论结合反步思想推出了可以实现全局一致稳定的路径跟踪控制器，AUV 在参考直线轨迹中准确运行，通过仿真试验验证了算法的有效性，所提出的控制律具有一定的鲁棒性。在研究 AUV 轨迹跟踪控制问题时，文献[39]考虑模型摄动和外部不确定时变干扰，提出了一种具有较强鲁棒性的控制律。对比反步法，该控制律可以弥补传统方法的抗干扰能力不足的问题，与此同时，又提高了控制器的控制性能。

国内的高剑等[40]将轨迹跟踪位置和速度误差定义成两个串联的子系统，利用反步法设计轨迹跟踪控制器，降低了计算的复杂性。为提高 AUV 轨迹跟踪控制的稳定性，严浙平等[41]利用视距导航法结合反步思想，根据航速、艏向角和纵倾角误差设计了轨迹跟踪控制器，利用仿真试验证明了所设控制器的有效性和跟踪控制的稳定性。欠驱动 AUV 的轨迹跟踪也是一个较大难题，贾鹤鸣等[42]在轨迹跟踪控制中，为降低舵带来的抖振影响，采用非线性迭代思想结合滑模理论，设计了欠驱动 AUV 轨迹跟踪控制器，并利用仿真试验证明了所设算法的有效性；此外，利用自适应技术结合反步法设计了考虑航迹点跟踪的复合型控制器，利用该控制器来完成欠驱动 AUV 的三维航迹点跟踪控制[43]；最后，为了减少 AUV 模型不确定对控制效果带来的影响，对离散数学模型采用递归思想结合滑模预测控制设计出轨迹跟踪控制器[44]，利用仿真试验证明了所设计控制器的有效性。海洋环境的干扰在 AUV 轨迹跟踪控制的研究中始终是一个难题，万磊等[45]针对 AUV 轨迹跟踪控制中受到的环境干扰问题，首先根据 Serret-Frenet 坐标系的 AUV 跟踪运动误差模型，结合自抗扰理论设计抗扰控制器，最后用数值仿真试验验证了算法的有效性和抗干扰能力。针对模型不确定性和外界干扰这两个问题，周佳加等[46-49]利用自适应技术结合神经网络算法在线逼近模型中的动态不确定和对扰动的自适应，并利用反步思想设计了控制律和自适应律，通过仿真试验验证了该算法的有效性，确保 AUV 在轨迹跟踪控制中的精准运行。徐健等[50]为避免传统反步法设计过程中产生的奇异值问题，在欠驱动 AUV 轨迹跟踪控制中，采用将艏向角误差为直角时产生的奇异值非线性项替换的思想，巧妙地将姿态控制转化为速度控制。然后，针对输入饱和和外界干扰的问题，采用滑模控制方法结合反步思想设计抗饱和轨迹跟踪控制器和解决外界干扰问题的自适应律，并利用仿真试验证明了算法的有效性[51]。

在 AUV 轨迹跟踪被深入研究的同时，各式各样的控制方法被提出，针对干扰问题和提高控制性能的控制器被设计出来[52-53]。针对外界时变干扰，张利军等[54-55]采用 L2 干扰抑制技术结合神经网络控制方法设计了 AUV 轨迹跟踪鲁棒控制器，神经网络技术通过在线学习的方式补偿估计外界时变干扰。

在执行相关任务时，AUV 被要求在水面上航行作业，这样就不可避免地受到水面海浪干扰，而且由于在下沉过程中受到水的阻力而使 AUV 本体发生摆动，这就要求 AUV 保持可以维持运动作业的姿态平衡。因此，如何控制 AUV 在水面作业的运动姿态也是各国学者研究的重点 [56-61]。

为了减小阻力，典型 AUV 的结构设计为流线型。AUV 在近水面作业时为了保持良好的运动姿态，除了可操纵控制翼来操纵 AUV 的运动，还可操纵 AUV 控制器来进行操作。AUV 的姿态运动是一个复杂的运动，可将它看作一个 6 自由度运动系统，其中包括 3 个平移运动及 3 个回转运动互相耦合。对不同的控制翼进行控制器的设计是为了对 AUV 的每个方向的运动控制进行更精确的控制[62-63]。

为更好地对 AUV 进行控制，Richards 等研究出近水面 AUV 的动力学模型。该模型为非线性且具有 6 自由度，假设随机海浪为干扰，依据水平控制面对水下直潜器的运动状态进行研究[64-71]。对于外界干扰和模型不确定性的问题，利用滑模控制算法设计控制器，且利用仿真试验验证了算法的有效性，并表明该控制器具有一定鲁棒性。Healey 和 Lienard 合作提出了一种多层次滑模控制器，与传统的滑模控制器不同的是，在自动舵的操纵中，控制翼面可以选择水平舵或者垂直舵，以令 AUV 进行升沉运动并保持航向[72]。在垂直面内，控制 AUV 的下潜深度是其中的突破点，Bessa 等[73]通过分析国内外深度控制研究现状，采用自适应技术结合滑模控制算法的思想，设计出系统控制器，该控制器可有效抵抗外界干扰和模型不确定性。

1.2.3　ROV 国内外发展现状

ROV 按作业功能可分为观察 ROV、承重观察 ROV、作业 ROV、爬行 ROV 4 种。根据驱动系统，ROV 可分为电动驱动和液压驱动。由于潜水电机的输出有限，电动 ROV 通常用于观察 ROV，而液压驱动器通常用于操作 ROV。但是随着科学技术的不断发展，电动执行器逐渐被用于操作功率相对较小的 ROV 和大型ROV，而且大多数大型 ROV 仍然使用大功率的液压执行器，以实现更加稳定可靠的运行[74-77]。

1. ROV 国内外发展现状及应用

国外对水下机器人的研究最初始于观察级。1953 年，美国的 Rebikoff 设计了由 3 个伺服电机和 1 个高分辨率相机组成的观测级 Poodle ROV。如图 1-8 所示，他使用了 1 个脐带电缆来驱动和控制运动和图像恢复功能[78]。然后又有多种观察型水下 ROV 被研制成功，包括美国约翰霍普金斯大学的 JHUROV 机器人（图 1.9（a））[79]、瑞典 Ocean Modules 公司的 V8 Sii 机器人［图 1.9（b）］以及美国 Sea Botix 公司的 LBC 型机器人［图 1.9（c）］[80]。这些观测 ROV 不仅可以配备高分辨率相机，还可以配备各种观测和测量设备，例如成像声呐、地层剖面仪、温盐深仪（CTD）与多普勒测速仪（DVL）等科学设备。

因脐带缆对观察机器人的约束太大，世界各国便开始了无缆水下机器人的研制。最先被研制出的无缆水下机器人是美国华盛顿大学的 SPURV（Self-Propelled Underwater Research Vehicle）[81]，如图 1.10（a）所示。SPURV 上装配了 2 套银锌电池，足以使其在航行速度达到 5 节的同时保证工作 4 个小时以上。SPURV 可以接收声音信号来规划自身运动，并可在传感器的帮助下计算出洋流和温度的深海物理模型。如图 1.10（b）所示，是美国伍兹霍尔海洋研究所（WHOI）研制的一种在航速达到 5 节的同时持续航行 20 多个小时的 REMUS100 型 AUV。为了可执行各种复杂任务，REMUS 100 型 AUV 安装了 DVL、ADCP、侧扫声呐、水下摄像机、CTD 等传感器[82]。直至 20 世纪 90 年代，华盛顿大学致力于海洋环境调查，同时间，其研制出的 UG-Sea Glider 开始使用，如图 1.10（c）所示。并在 2009年，Sea Glider 凭借强大的储能，创造了 9 个月零 5 天的水下航行器航行记录[83]。

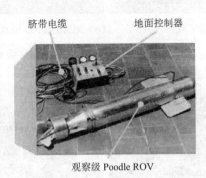

图 1.8　世界上第一台观察级 Poodle ROV

（a）JHUROV 机器人　　　（b）V8 Sii 机器人　　　（c）LBC 型机器人

图 1.9　有缆观察级水下机器人

在复杂的水下环境进行工作具有一定的危险性，这使水下机器人代替人类进行作业成为可能。而续航能力较差的 AUV 和 UG 等观察级水下机器人不能搭载一些大功率的作业设备，所以只能进行水下侦查、预警、通信中继、海洋环境监测等观测任务[84]。从 20 世纪 60 年代开始，美国成功研制了 CURV1 型 [图 1.11（a）]、CURV2 型 [图 1.11（b）] 及 CURV3 型 [图 1.11（c）] 作业级水下机器人[85]，其上搭载了两部云台摄像机、4 个汞蒸气水下灯、主被动声呐、高度计、深度计、罗盘以及一台多功能机械手爪。1966 年，CURV 型作业级水下机器人在西班牙海域 856m

深处打捞出一枚丢失的氢弹，使人们开始关注到水下机器人。

　（a）SPURV 观察级 AUV　　（b）REMUS 100 型观察级 AUV　　（c）观察级 UG-Sea Glider

图 1.10　无缆观察级水下机器人

　（a）CURV1 型水下机器人　　（b）CURV2 型水下机器人　　（c）CURV3 型水下机器人

图 1.11　3 款 CURV 型作业级水下机器人

　　作业级水下机器人由于具有可以长时间工作、人机交互能力较强、操作简单等优势，因此在深海作业当中发挥着相当重要的作用。其在海洋资源调查、海底地貌绘制、海洋环境监测、海底管道铺设与维修、海底石油和天然气开采、海洋平台和工作站监测与维修、援潜救生、布雷扫雷等方面应用广泛。

　　美国伍兹霍尔海洋研究所（WHOI）研制的"JASON 号"系列水下机器人如图 1.12（a）所示。其在 1988 年开始投入使用，下潜深度可达 6000m，下潜时间可超过 100h。其上搭载了声呐、摄像机和静态成像系统等先进仪器，采用"双体式"设计，通过光电铠装缆实现电力供给和通信[33]。紧接着日本海洋研究中心（JAMSTEC）研制的"海沟号"ROV[86]［图 1.12（b）］，以及加拿大科学潜水设备公司（The Canadian Scientific Submersible Facility，CSSF）生产的"ROPOS 号"ROV[87]［图 1.12（c）］也都研制成功，并且在 1995 年"海沟号"ROV 成功下潜至 10970m 深的马里亚纳海沟，成为下潜最深的水下机器人[88]。

（a）"JASON 号"水下机器人　　（b）"海沟号"水下机器人　　（c）"ROPOS 号"水下机器人

图 1.12　有缆作业级水下机器人

与国外的水下机器人相比，我国的水下机器人研究工作开展时间较晚，以沈阳自动化研究所（Shenyang Institute of Automation，SIA）和哈尔滨工程大学（Harbin Engineering University，HEU）为核心研究机构。但是随着国家科技实力的不断提升，我国水下机器人领域近年来发展迅猛，有一些技术已经可以进入世界前列。1985 年，在总设计师蒋新松院士的带领下，作业级水下机器人"海人一号"样机研制成功，如图 1.13 所示。"海人一号"上搭载了主从伺服机械手，其具有 6 种功能，包括电动主手与液压从手，主、从手之间采用双向反馈形成力感，并以多片微控制器作为机器人的控制和通信系统[89-90]。

图 1.13　"海人一号"有缆遥控机器人

沈阳自动化研究所与美国佩瑞公司在 1986 年签订了合同，引进 RECON-IV 中型水下机器人技术，在消化技术的同时攻坚克难，经过我国科技人员的奋力研究，研制出了 3 套 RECON 有缆遥控机器人，如图 1.14 所示，其国产化率已达 90%，并于 1990 年开始进入国际市场。之后，又生产了 2 套 RECON-IV 产品用于海上石油开发[91]。1995 年，沈阳自动化研究所与俄罗斯海洋技术问题研究所、国内中船总 702 所、中科院声学所等研究单位合作，研制了 CR-01 型无缆自主水下机器人，如图 1.15 所示。其下潜最大深度可达 6000m，续航能力超过 10h，总共可以拍摄 3000 多张水下图片。CR-01 型无缆自主水下机器人曾多次在太平洋对多金属结核进行调查，为我国开辟区资源探索提供了珍贵的录像、照片及声图资料[92]。

图 1.14　RECON 有缆遥控机器人

图 1.15　CR-01 型无缆自主机器人

2004 年，在上海东港，上海交通大学（Shanghai Jiaotong University，SJTU）研制的"海龙号"水下机器人试水成功。如图 1.16 所示，"海龙号"水下机器人使用虚拟控制系统和动力定位系统，具有 7 个推进器，将它们进行矢量分布，其中水平推进器有 4 个，它们用于增加前后和侧方向的推动力，另外的 3 个垂向推进器被用于对机器人的纵横倾进行设置，"海龙号"水下机器人上装载了 5 台多功能摄像机和 1 台静物照相机，还安装了 6 个泛光照明灯和 2 个高亮度 HID 灯，使拍摄出来的图像更清晰，为我国海洋科学考察做出了重大贡献[93-94]。

图 1.16 "海龙号"水下机器人

2. ROV 运动控制国内外研究现状

关于潜水器控制理论和算法，有众多国内外的学者做了大量的研究，了解到现如今潜水器航行控制有许多有效的方法，其中最常用的方法有以下几种：PID 以及在其基础上改进的先进 PID、滑模变结构控制（Sliding Mode Controler Variable Structure）、自适应控制（Self-adaptive）、模糊控制（Fuzzy Logic Inference）、神经网络（Neural Network）、H_∞ 鲁棒控制（H_∞ Robust）、基于 Lyapunov 的反步法（Backstepping）、二次型最优控制（LQI）、线性矩阵不等式（LMI）等。

PID 技术最常采用的是线性控制，这种控制方式具有简单便捷的特点。在动力学系统中，是否有精确的线性化模型，决定了该控制方式的控制效果[95-98]。文献[99]使用了 PD 控制器，成功实现了对具有变长度脐带缆 ROV 的深度控制。同样，Hou 和 Cheah 的研究中也采用了 PD 控制器对多水下机器人系统的编队进行了有效的控制[100]，Tehrani 等使用 PID 控制器成功控制了 DENA ROV 的深度[101]。此外，文献[102]在其研究中同时采用了 PID 和 LQR 两种控制器，不仅对 USM 水下滑翔机的深度和纵倾实现了有效控制，而且还对两种控制器的控制性能进行了比较。其结果显示，两种控制器都可以对纵倾进行有力控制，但是在深度控制中，PID 控制器的收敛效果不如 LQR 控制器的收敛效果理想。因为潜水航行器通常具有动态非线性和时变性，在海洋复杂的环境变化影响下，会对 PID 控制器的控制行为造成一定的限制，所以越来越多的学者喜欢将 PID 控制器与其他控制算法相结合来构建新的先进 PID 控制器。例如，Shang 等基于模糊逻辑构建了新的 PID 控制器，可以对仿生水下机器人的速度和航向进行控制[103]。Ma 等则将蚁群算法加入到 PID 控制器中，使控制器参数得到了优化，使 PID 控制器的控制反馈速度变得更快、使超调量得到了减少，最终对 ROV 的控制提升到了更加理想的状态[104]。

文献[105]研究的球形 AUV，设计者加入了神经网络系统，使 PID 控制器具有了自校准功能，使得该控制器具备了很强的抗干扰功能和快速收敛的能力，而且该设计的构建简单，可以很容易地将其移植到硬件上，因此可得到良好的实际运用。

滑模控制（Sliding Mode Control，SMC），也叫作变结构控制（Variable Structure Control，VSC），其源自于"邦邦"（Bang-Bang）控制的研究。在 20 世纪 50 年代，苏联科学家 Utkin 首次提出该控制理论。该理论经过近 70 年的发展，已逐渐成为一套较为完善的理论体系。滑模控制具有一个很突出的优点，即其滑动模态对系统摄动和外部干扰具有不变性（完全鲁棒性），但该控制方式也有一个很明显的缺点，即存在着由非线性引起的自振的抖动。在非线性和不确定系统中，滑模控制将会是一种非常有效的控制方法。此方法的最大优势便是具有很好的稳健性，使其可以在具有不确定性、参数处于扰动状态的模型中得到良好运用，但该方法得到良好运用的前提是要已知不确定性和扰动的边界值[106-107]。

Bessa 等[108]设计了自适应模糊滑模控制器，该控制器可以对电-液系统进行精确控制，而且运用了 Lyapunov 稳定性理论和 Barbalat 定理去证明了该控制器的收敛性和有效性。文献[109]中为堤坝检测潜水器设计了两套运动控制器，分别运用了滑模技术和线性反馈技术，得到的结果显示两种控制器都能够较为有效地完成任务跟踪和躲避闸门内水流速度的冲击。Yang 和 Ma[110-114]非常新颖地采用了逆系统方法，他们将水下滑翔机的多变量非线性系统解耦成了两个独立的子系统，接着运用滑模技术为每个系统分别设计了联合运动控制器，通过仿真试验，证明了该控制器具有克服环境干扰的能力，并且同时具备了良好的鲁棒性。Sun 和 Zhu[115]则将自适应连续项取代了传统的切换项，这样的改变使滑模控制中的振抖问题得到了解决，最终解决了对 ROV 轨迹跟踪的控制问题。

自适应控制理论的基本思想是：基于测量得到的信号，对不确定的被控对象参数进行在线估计，并在控制器中使用参数的估计值。潜水器控制领域所运用的自适应控制理论主要包括模型参考自适应控制和间接自适应控制，文献[116-120]中介绍和研究了该相关的设计理论和方法。Ishii 和 Ura 将自适应神经网络控制算法运用到了 AUV 的航向和路径跟踪控制中，实现了对其的有效控制[121]。夏威夷大学的 ASL（Autonomous Systems Laboratory）开发的 ODIN（Omni-Directional Intelligent Navigator）也成功运用了自适应控制技术[122]。在文献[123]中为研究全驱动型六自由度 AUV 的位置跟踪控制问题，利用了非线性速度梯度自适应控制策略，使得该控制系统具备了良好的渐稳性。文献[124]是对潜水器机械手作业系统的研究，该系统存在着环境不确定性和有界未知干扰的问题，为解决此问题，研究者基于最小二乘估计设计了自适应控制策略，最终使问题得到了解决，并且完成了对局部区域的跟踪控制任务，还运用 Lyapunov 方程分析了控制系统的稳定性。

美国著名学者、加利福尼亚大学教授 Zadeh L A 在 1965 年首次提出了模糊控制理论。该理论的基础是模糊数学。其利用了语言规则表示方法和先进的微机技术，通过模糊推理进行决策，是一种高级控制策略。几十年的发展使其在如今的人工智能领域，成为一个重要的分支方向。现在，大量学者已经通过运用该控制策略，对潜水器的运动进行了有效的控制[125-127]。模糊控制有一些极大的优点，它不依赖于系统精确的数学模型，对不确定性系统及强非线性系统可以很容易地进行有效控制，对过程及参数变化有较强的鲁棒性，还有较强的抗干扰能力；但同时，模糊控制也会有某些缺点，模糊控制很难保证控制系统的稳定性和灵敏性，这是由它自身的语言表达形式带来的弊端。例如，至今仍然没有完整的系统分析手段来证明其稳定性[128-130]。Guo 等[131]在 HM1 型 AUV 的运动控制盒视线导引法则中加入了自适应模糊滑模控制理论，通过引入压缩扩张隶属度函数，使其提升了性能，为了调整模糊控制器中的比例因子和量化因子，设计了某些自适应模糊规则，最终通过实验证明，在处理模型不确定性、动力学系统的非线性以及由海浪等引起的环境干扰影响时，该控制器具有很强的鲁棒性。Saghafi 等[132]也研究了模糊决策算法。他们的研究角度是基于路径和姿态角的模糊决策算法。他们设计的闭环控制系统，能使 ROV 在定速模式下沿着预设的路径运动，可以实现沿直线、圆形等多种形式的路径航行。Ishaque 等设计了一个基于单输入的模糊逻辑控制器来应用于自制式水下机器人，使其减少了控制规则，并对控制转换参数做了简化，这样便降低了对计算机的性能要求[133-134]。为了给无人潜水器设计控制器，Salman 等基于对模糊逻辑规则的研究，设计出了鲁棒运动控制器，还通过仿真结果对比了 PID 控制器[135]。

神经网络控制非常适合潜水器的运动控制，是由于在神经网络控制中，其充分考虑了潜水器的强非线性和耦合性等问题，同时其学习机制可以在不必完全了解动态控制对象的情况下，通过跟踪系统自身或外围环境的缓慢变化来做出反应[136]。神经网络控制也有一些缺点，因为其结构和参数不易确定，所以要求设计人员应在这方面具有丰富的知识和实际经验；而且，当在比较剧烈的环境变化下，例如波浪中或者涨潮、退潮时的港湾中，此时会存在较大的环流，可能发生外界干扰与潜水器自身运动的幅度和周期相近的情况，这时神经网络的学习就可能出现明显的滞后，其控制便容易发生振荡不稳定[137-138]。Bagheri 等[139]创新地将RBFNN 和 MINN 方法运用到了 4 自由度 ROV 控制器的设计中，设计出了新的神经网络运动控制器，在没有先验知识的情况下，相较于经典的 PD 控制器，该控制器很好地提高了 ROV 的位置跟踪性能和鲁棒性。在文献[140-142]中，研究者通过采用前向神经网络，设计了深度控制器。它可以对非线性未知参数在线进行自适应调整，使得 AUV 能够沿着预设轨迹下潜，并在指定深度航行，还能够保证跟踪误差收敛到极小值。Bian[143]为了实现对欠驱动式 AUV 的沿海底跟踪运动的控制，提出了采用自适应神经网络控制算法的想法，并进行了研究，最终得到了理想的控制结果。Guerrero 等[144]将神经网络运动控制器作用于多功能自治式潜水器来进行控制，使潜水器实现了行为反应式导航功能，并且使潜水器可以长时间地稳定进行巡航与检测任务。

针对不确定性系统的控制方法，可以利用 Backstepping 算法。将 Lyapunov 函数的选取与控制器的设计相结合，通过从系统的最低阶次微分方程开始，引入虚拟控制，一点一点稳步地满足设计要求的设计虚拟控制律，最终设计出实际的真实控制律。自 1991 年 Kanellakopoulos 首次系统地提出 Backstepping 算法后，直至如今，已有越来越多的科研工作者将该算法成功地应用到了潜水器的运动控制之中[145-150]。

在文献[151]中，所研究的关于 6 自由度欠驱动 AUV 的运动控制，便是运用Backstepping 算法进行控制设计的很好的例子。该文章的研究者还在此算法的基础上与参数映射技术进行结合，设计出了非线性鲁棒运动控制器。该控制器可以实现在有环境干扰和潜水器未知参数情况下，对水下机器人的悬停控制和位置点的跟踪控制。文献[152]则结合了李雅普诺夫稳定性理论和 Backstepping 技术，为欠驱动 AUV 设计了鲁棒控制器。该控制器可以解决在路径跟踪控制中的奇异点问题，而且可以使路径跟踪误差收敛到零。文献[153]研究了海流干扰下的动力学模型的不确定性和最优化动态位置控制的问题，基于神经网络，为全驱动型自治式水下机器人设计了一款自适应式反步运动控制器，通过仿真试验证明，该控制器可以有效获得较为理想的动力定位目标。Santhakumar[154]研究的是空间 3 自由度水下机械手系统。他基于 PD 观测器设计出了该系统的反步控制器，经过仿真试验，得到该机械手系统在受到外界干扰和参数不确定性的情况下各状态参量依然可以对所设计轨迹进行跟踪的结果。在文献[155]中，在有较大的洋流干扰问题时，结合 Lyapunov 稳定性理论和 Backstepping 技术，分别设计了观测器和位置跟踪控制器，从而解决了 AUV 的水平方向位置跟踪输出反馈控制问题，并且使系统指数稳定。由于外界干扰是未知的，且潜水器存在较大的参数不确定性，因此在潜水器的运动控制研究中，出现了以 $H\infty$ 为代表的鲁棒控制方法[156-160]。熊华胜等便是采用了 $H\infty$ 控制器对 AUV 航向保持的运动进行了有效的控制[161]。West 也采用 $H\infty$ 控制技术实现了对 AUV 的鲁棒控制[162]。Aghababa 和 Akbari 有所创新地基于粒子群优化设计了 $H\infty$ 鲁棒控制器，对潜水器的速度跟踪进行了控制，又为了适用于 $H\infty$ 控制器，采用了非线性映射技术将运动模型进行适用性转化，建立了线性系统[163]。文献[164]对正在研发的微小型 MR-X1 自治式水下机器人设计了基于模型的二次型最优控制器（LQI），通过测试结果，对模型方程进行了简化，实现了对一条观测线的路径跟踪控制。Folcher 基于两阶段的线性矩阵不等式（LMI），研究了推进器存在饱和输出情况下的航向控制器，设计了抗风干扰的补偿器，保证了闭环系统的稳定性。Phanthom 500 潜水器的航向控制便是该控制器的成功运用[165]。

1.2.4 履带式机器人运动控制国内外研究现状

履带式机器人是移动机器人中的一种。因其所处工作环境是动态、未知复杂的，所以需要机器人自身有自主性才能完成各种任务。通过运动控制可使机器人移动到指定的工作地点进行特定的工作，而在移动机器人的运动控制实践中会出现很多问题，在解决问题的过程中逐渐形成了控制理论并广泛地应用于移动机器人运动控制中。

最早是出于工程实践的需要细致地提出了移动机器人的运动控制问题，并逐渐形成了以点镇定、路径跟踪以及轨迹跟踪为主的运动控制任务。轨迹跟踪相较于点镇定与路径跟踪更为复杂，在实际工程中应用最广泛，更值得深入研究。

在移动机器人轨迹跟踪控制中，参考轨迹 $f(x_r(t), y_r(t), \theta_r(t))$ 是一条随时间变化的曲线方程。在进行轨迹跟踪任务时需要提前设定参考轨迹，给定期望速度 $u_r(t) = [v_r(t), \omega_r(t)]^T$ 作为参考控制输入。因此，移动机器人的轨迹跟踪可以看作受控机器人实时跟踪一个虚拟参考机器人的过程。

图 1.7 简单地描述了移动机器人的轨迹跟踪原理，将参考轨迹标记为实线，将机器人移动的实际轨迹标记为虚线。值得注意的是，机器人的初始位置可以在参考轨迹上也可以不在参考轨迹上。轨迹跟踪任务就是通过使用控制理论设计合理的控制律使机器人以期望速度跟踪参考轨迹，所设计的控制律精度越高，实际轨迹与参考轨迹重合程度越高，误差收敛速度越快，跟踪效果越好。

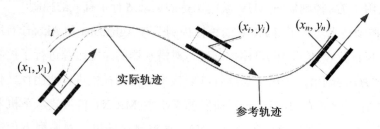

图 1.7　移动机器人轨迹跟踪示意图

移动机器人轨迹跟踪控制由于受自身系统非线性影响，存在诸多不确定因素，如不确定模型动态、外界未知有界扰动等，因此几乎不可能获得精准的运动数学模型。在解决以上问题的过程中形成了多种控制理论方法，所涉及的控制方法主要有以下几种：

（1）Backstepping 控制方法。Backstepping 控制方法也叫反步法，是由学者 Kanellakopoulos 在 1991 年首次提出的[4]。自提出以来，该方法逐渐成为移动机器人运动控制律设计的基本方法，不仅规范了非线性控制系统控制律设计的步骤，而且可以匹配其他控制方法设计鲁棒控制律来解决非线性控制问题。

在移动机器人轨迹跟踪控制系统中，可以用 Backstepping 控制方法作为桥梁来连接系统的运动学和动力学[166-175]。文献[176-179]均采用 Backstepping 控制方法设计了运动学广义速度控制律作为动力学期望速度跟踪信号。还可以将 Backstepping 控制方法与其他控制方法结合设计控制律，2016 年 Miao 等[180]针对移动机器人系统的未知参数问题，将 Backstepping 控制方法和自适应控制方法结合使用估计未知参数，提出了一种自适应轨迹跟踪控制律。2019 年，沈智鹏等[181]针对模型动态不确定和外部干扰组成的复合扰动问题，利用模糊自适应控制方法与 Backstepping 控制方法结合对复合扰动进行估计，提出了一种扰动补偿轨迹跟踪控制律。2020 年，陈勇等[182]利用滑模控制方法与 Backstepping 控制方法提出了一种滑模轨迹跟踪控制律。2020 年，董莉莉等[183]针对模型参数未知问题，利用自适应控制方法与 Backstepping 控制方法提出了一种自适应轨迹跟踪控制律。

（2）自适应控制方法。自适应控制方法是由著名学者 Whitaker 提出的[184]。在移动机器人的轨迹跟踪控制中，受控系统本身可能存在参数未知的情况，主要表现为未知参数是动态不确定的，而且受控系统的动态特性可以被未知参数表示，或所设计的控制律中存在未知参数。通常情况下，在设计控制律的过程中，通过设计自适应律来实时更新控制策略，从而达到预期的控制性能。

2002 年，Fukao 等[185]为解决移动机器人运动学模型参数未知情况下的轨迹跟踪控制问题，利用自适应控制方法估计未知参数并设计了自适应轨迹跟踪控制律。2005 年，Dong 等[186]针对受控机器人系统存在不确定参数和不确定模型动态问题，利用自适应控制方法估计不确定参数，利用神经网络逼近不确定模型动态，进而设计出自适应神经网络轨迹跟踪控制律，在解决移动机器人轨迹跟踪控制中的不确定参数和不确定模型动态问题上提供了一种新思路。2010 年，Park 等[187]在解决模型参数不确定的基础上考虑执行器参数不确定问题，利用自适应控制方法估计不确定参数，在设计轨迹跟踪控制律时引入动态面技术来降低控制律的计算负载度。2020 年，Guo 等[188]针对带有未校准摄像机参数的轮式移动机器人跟踪控制问题，利用自适应控制方法估计未知参数，并结合非奇异递归终端滑模控制方法设计出了固定时间轨迹跟踪控制律。2020 年，Chen 等[189]针对不确定参数下的移动机器人轨迹跟踪控制问题，利用自适应神经网络来逼近未知参数，并针对移动机器人状态约束问题，采用障碍 Lyapunov 函数对速度输出进行约束。

（3）滑模控制方法。滑模控制方法最早由苏联学者 Emeleyanov 提出，也叫变结构控制。因其控制的不连续性使得滑模控制自身有着非常特殊的非线性控制特性[190]。按照预先设定滑动模态的状态轨迹使受控系统沿着状态轨迹运动是滑模控制的核心功能，由于滑动模态与受控系统参数和外界扰动无关，并且可以人为设计，因此所设计的滑模控制律具有响应迅速、鲁棒性强、对扰动不敏感等突出优点，在非线性系统控制中被广泛应用。

2017 年，范其明等[191]为解决移动机器人模型中存在的非线性动态不确定问题，在设计动力学速度跟踪控制律时引入 PI 滑模控制思想，设计了一种 PI 滑模控制律，以更好地调节 PI 滑模控制律的参数以及抑制滑模的抖振，并利用 RBF 神经网络对滑模增益进行调节。为解决测量噪声、摩擦扰动以及模型动态不确定性等问题，2018 年 Goswami 等[192]针对运动学模型设计了 PI 滑模控制律，并引入可调增益开关控制律来弱化干扰及不确定影响，所设计轨迹跟踪控制律的有效性通过仿真试验及实物试验得到了验证。为解决外界干扰和系统参数不确定性问题，2018 年 Matraji 等[193]利用自适应控制方法结合滑模控制方法设计了一种二阶滑模轨迹跟踪控制律，实物平台试验验证了所设计轨迹跟踪控制律的有效性和鲁棒性，同时该控制律还能够有效抑制抖振。2018 年，宋立业等[194]为解决系统不确定参数和未知扰动问题设计了一种自适应滑模跟踪轨迹跟踪控制律，并引入神经网络来调节等效控制和切换增益来提高控制精度。2019 年，彭继慎等[195]针对运动学模型设计广义速度控制律保证位姿误差镇定，并针对动力学模型利用等速趋近律自适应设计思想设计了自适应滑模控制律。

滑模控制方法因其动态特性，在控制过程中易产生抖振影响控制效果，因此，在抑制抖振方面提出了许多方法，主要包括边界层法[196-197]、高阶滑模法[198-199]以及自适应法[200-201]。

（4）智能控制方法。智能控制方法在移动机器人轨迹跟踪中主要包括神经网络控制方法[202-203]和模糊控制方法[204-205]。得益于不依赖运动数学模型，因此智能控制方法在非线性控制中逐渐被广泛应用。模糊控制方法的基础是模糊集合理论，需要由专家经验来建立模糊规则库。神经网络控制方法因其万能逼近能力，可以以任意精度逼近系统的未知非线性项。

2005 年，王洪斌等[206]针对遭受外界扰动和参数不确定的移动机器人轨迹跟踪控制问题，利用自适应 RBF 神经网络在线逼近不确定项的未知上界，设计了一种自适应 RBF 神经网络轨迹跟踪控制律，实现了系统不确定项的有效估计。2010 年，弓洪伟等[207]为有效克服不确定模型动态对移动机器人轨迹跟踪控制的影响，利用 T-S 型模糊模型与 Elman 神经网络对不确定模型动态进行建模，为处理建模的误差及外界干扰问题，引入了 $H\infty$ 控制理论，从而有效克服了建模误差与外部干扰的影响。在动力学模型未知情况下的轨迹跟踪控制中，2011 年，刘钰等[208]利用 RBF 神经网络对移动机器人动力学模型建模从而解决了模型的不确定性和外界干扰的问题，提高了轨迹跟踪控制律的鲁棒性。为解决模型动态不确定下的移动机器人轨迹跟踪控制问题，2012 年，Fei 等[209]利用 RBF 神经网络在线逼近不确定模型动态，利用自适应控制方法估计外界未知干扰上界，从而设计了一种神经滑模轨迹跟踪控制律。同样在解决移动机器人轨迹跟踪中不确定问题上，2017 年，Boukens[210]利用神经网络在线学习移动机器人系统未知时变参数，设计了一种鲁棒神经网络轨迹跟踪控制律，有效解决了系统不确定性问题。在受约束以及不确定模型动态下的轨迹跟踪控制律的设计中，2017 年，He 等[211]针对模型不确定动态问题，利用模糊神经网络进行逼近，并利用阻抗学习方法来衰减不确定干扰作用，在控制律设计时引入障碍 Lyapunov 函数来解决状态约束问题。2020 年，马东等[212]在驱动轮存在打滑情况下的移动机器人轨迹跟踪控制中，针对系统的参数和非参数不确定问题，利用自适应 RBF 神经网络在线逼近，提出了一种神经网络自适应 PD 轨迹跟踪控制律，实现了在驱动轮打滑情况下对不确定项的有效估计。

1.3 本书研究重点

尽管针对移动机器人的轨迹跟踪控制研究已经有了非常大的进步，但是依然存在着许多问题。比如，在实际工程中，由于存在外部干扰和不确定模型动态等因素，影响了轨迹跟踪控制效果，为解决以上问题所设计的控制律复杂且多样，这就使得轨迹跟踪控制研究无法形成一个统一的策略。在轨迹跟踪控制方法中，传统的反步法会直接将非线性项进行线性化，但是非线性项若是阶数过高，会使得控制律阶数过大，从而降低了控制律响应速度，增加了控制律的计算负载。自适应控制方法可以有效解决系统参数不确定问题，但所设计的控制律结构较为复杂。滑模控制方法可以有效抑制外部干扰和解决模型动态不确定等问题，但是所设计的控制律会无法避免地出现信号抖振从而影响控制效果。智能控制方法因其独特的非线性处理特性，用来解决系统的非线性及不确定性问题有着很大的优势，但是其很难解决外界干扰对系统本身带来的影响问题，所以智能控制方法往往不单独用来做控制律的设计，一般与现有反步法及自适应方法等结合使用来解决特定的问题。基于上述文献综述，经过分析、凝练，可总结出本研究领域目前存在以下 4 个重点。

（1）不确定干扰下的轨迹跟踪控制。履带式清淤机器人在实际清淤过程中会受到外部较强干扰的影响，且干扰是无法直接精确测量的，为使履带式清淤机器人能够稳定精确地跟踪参考轨迹，如何设计一种能够有效估计未知扰动的自适应轨迹跟踪控制律，同时考虑所设计的自适应控制律结构要足够简捷易于工程实现需要进一步深入研究。

（2）模型动态不确定下的轨迹跟踪控制。履带式清淤机器人在实际清淤过程中，除了外界未知干扰以外，履带底盘还会受淤泥地质的影响导致摩擦力矩无法精确建模，而且随着沉井的下沉，地质条件也随之变化，不同地质的摩擦力矩也会不同，表现在履带式清淤机器人轨迹跟踪控制律设计中则是存在模型动态不确定问题。因此，建立精确的履带式清淤机器人运动数学模型几乎是不可能的，如何设计有效的轨迹跟踪控制律来同时解决模型动态不确定以及未知扰动问题需要进一步研究。

（3）易于工程实现的轨迹跟踪控制律。对于履带式清淤机器人轨迹跟踪控制中存在的问题，应用控制理论虽然可以很好地解决，但是所设计的轨迹跟踪控制律普遍存在结构复杂、响应速度慢、计算负载高等问题而难于工程实现，因此，在应用控制理论解决移动机器人轨迹跟踪控制问题的基础上，如何设计易于工程实现的控制律需要进一步研究。

（4）高精度下的轨迹跟踪控制。履带式清淤机器人在作业环境能见度不良的情况下，施工若偏差几厘米就可能导致机器人发生水下重大事故，随着 5G 时代的到来，万物互联的想法已经可以实现，将视频监控、前视声呐、避碰声呐、姿态分析仪、图像传感器、激光三维视觉检测技术等应用于履带式清淤机器人沉井清淤施工中成为可能，因此，如何设计在多传感器信息融合下的轨迹跟踪控制律需要进一步研究。

第 2 章　机器人系统理论基础

在本章中，首先对机器人学相关理论进行说明，然后对两个基本的机器人组成部分进行描述：主要分为执行器和传感器两个部分。在第一部分，按照功率放大器、伺服发动机和传动装置的顺序描述机器人执行系统的特征。在第二部分，描述容许测量表征机械手内部状态量的本体传感器。在此之外，描述外部传感器，包括检测测量工作空间中障碍物的距离传感器、末端执行器的力传感器，以及测量机器人与环境互动时的对应目标特征参数的视觉传感器。

2.1　机器人系统

机器人被认为是一种能够影响其工作环境的机器。不管它们的外表如何，这种影响是由其内置的根据一定规则设定的行为模式，并由机器人对其状态和环境所感知而获取的数据决定的。事实上，机器人学通常被认为是为研究感知和行为之间的智能联系的科学。根据机器人的定义，一个实际的机器人系统是一个由多个子系统构成的复杂系统，其功能在主系统的分配下由子系统协作来实现。

机器人最基本的组成是其机械系统。机械系统通常由运动装置和操作装置构成。运动系统主要包括轮系、履带、机械腿等，操作装置主要由机械手、末端执行器和人工手组成。

执行系统提供了实现机器人运动和操作行为的能力，是具有运动能力的机器人的机械部件。执行系统的概念涉及机器人运动控制的具体组成部分，包括传动装置、伺服发动机和驱动器。

感知能力通过传感系统实现。传感系统包括内部传感器和外部传感器，内部传感器如位置传感器能够获取机械内部状态数据，外部传感器例如压力传感器和照相机能获取外部环境数据。传感器系统的实现主要依赖于材料特性、数据处理、信号调制以及信息提取等。

通过控制系统可实现从感知到行为的智能联系能力，在机器人本身和环境因素的约束下，控制系统可根据任务规划技术设定的目标来指挥机器人的动作。控制系统的实现服从和人的控制功能相同的反馈原理，可能还需要充分利用机器人系统的描述（建模）来配置系统。

2.2　执行器

执行器是机器人系统中的重要组成部分，其作用是接收来自控制器的控制信号，改变被控介质的大小，从而将控制变量保持在所需的值或一定的范围内。本节分别从传动装置、伺服发动机和功率放大器 3 个方面来详细介绍执行器的功能与结构。

2.2.1　传动装置

机械手的关节运动要求同时具有低速度和高转矩。一般而言，这种要求与伺服发动机的机械特性不相符合。伺服发动机在最优工作条件下通常提供高速度和低转矩。因此，需要采用一个齿轮传动装置来优化机械功率从发动机到关节的传递。在传动过程中，摩擦力会消耗掉多余的功率。机械手传动装置如图 2.1 所示。

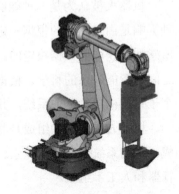

传动装置的选择由功率需求、运动类型的需求以及发动机相对关节的安装共同决定。事实上，传动装置允许定量地传输发动机所输出的速度和力矩，也允许定性地将绕发动机轴的旋转运动转化为关节的平移运动。同时，当发动机位于关节上游时，

图 2.1　机械手传动装置

对机械手的静态性能和动态性能有着优化作用，这种作用通过减小有效载荷实现。例如，如果在机器人基座上安装一个发电机，那么机械手总重量将相应地有所降低，而功率和重量的比重将提高。

2.2.2　伺服发动机

关节运动的执行由能够实现机械系统期望运动的发动机来完成。根据输入功

率的类型，发动机可以分为以下 3 类：

- 气动发动机（pneumatic motors）。如图 2.2 所示，气动发动机的气压能量由一个压缩机提供，通过活塞或涡轮将其转换为机械能。

图 2.2　气动发动机

- 液压发动机（hydraulic motors）。如图 2.3 所示，液压发动机通过液压马达或液压缸将储液池中的液压能转换为机械能。
- 电动机（electric motors）。如图 2.4 所示，电动机的基本能源来自电力分配系统为其提供的电能。输入功率的一部分转换为输出机械功率，余下的由于机械摩擦、电流电压相位差、液压或气压损失而被耗散。

图 2.3　液压发动机　　　　　　　图 2.4　电动机

　　机器人技术中使用的发动机是在工业自动化中使用的发动机的基础上的进一步发展，其功率范围拓展到 10W～10kW。由于典型的性能要求，相对于传统应用中的发动机，机器人技术中使用的发动机应当具有下列特性：具有低惯量和高的功率-重量比；具有过载能力和脉冲转矩释放能力；能够产生大的加速度；调速范围为 1～1000rad/min；高定位精度小于 1/1000rad；具有低转矩脉动，以保证即使在低速下也能连续转动。

电机电流形式有交流和直流两种方式，一般以蓄电池为能源的大多数自由航行水下机器人采用直流电机，而用电缆供电的有缆水下机器人通常采用高电压的交流电机。

选择哪种电流形式不仅同所采用的电源形式有关，而且与功率、经济性、保护形式以及推进器的连接形式等因素也有密切关系。直流电机有较好的经济性和更好的控制速度，且可以直接利用蓄电池组的电能。但由于直流电机要用换向器铜条和电刷，因此不能接触海水。此外，直流电机往往每工作 40～50h 就需要进行维修。而交流电机的设计、制造较简单，维修相对较少。但若电源是蓄电池组，则需要通过逆变器将直流电变成交流电，同时逆变器的重量、所占耐压体内的空间、造价、使用可靠性等因素也会增加水下机器人的复杂性，故一般是对功率要求较高的有人潜水器以及全部的无人有缆水下机器人使用交流电机。

置于海水中的推进器使用的电机有 3 种基本结构：敞开式、压力补偿式和封闭式。

（1）敞开式。这种结构的电机的所有部件暴露在海水中，因而必须是无刷的，其定子必须由防水性极好的绝缘导线绕制，或者用水密胶把整个定子都罐封起来。这种电机受水深影响不大，不需要耐压结构和动密封装置，且可以将海水作为润滑液和冷却液。但另一方面，海水具有腐蚀性强、润滑性差、高导电性的特点，因而生物附着和腐蚀是这类电机的主要问题。敞开式电机的部件需要具有较高的可靠性。

（2）压力补偿式。这种系统由密封和压力补偿器或压力平衡膜组成。通过在电机系统内注满不导电的液体，达到润滑、防止腐蚀冷却，以及传递压力和平衡外界压力的目的。压力补偿器或压力平衡膜具有把外界压力传递到电动机内的作用，使电动机内部的压力与环境压力相等或略高以防止海水侵入。因此这种电机的所有部件都需要能承受充注液体的长时间浸泡。和敞开式电机一样，充注液体的黏性阻力会降低压力补偿式电机的总效率。这种系统是以普通电刷式直流电机为动力源的水下机器人所常用的一种形式，因此其可靠性在很大程度上取决于密封的有效性和电机的整流特性。因为如果海水渗入系统内，或者电刷电弧使油带有碳粉，电机就会发生短路故障。

（3）封闭式。这种电机的电气系统封装在耐腐蚀的金属盒罩中，电机的输出传动轴上加有密封圈，整体与环境海水完全隔离。这种结构可以使用普通的电动机，但是其封闭金属盒罩和密封圈必须能承受环境压力。密封不严导致的海水渗入会引起短路故障。

另一种对电机的保护形式是将电机置于耐压壳体内。另外，在轴的贯穿处，除了保证水密和耐压，还必须保证轴的转动，因而在设计时必须同时考虑到防止渗漏和减小密封处的摩擦及能量损失。对于小深度的水下机器人而言，这一点是容易做到的，但对于大深度水下机器人，耐高压的密封将引起摩擦损失的增加。而即使是小型大深度的水下机器人，少量的渗漏也是不允许的，因此防止渗漏的难度也会提高。此外，由于海水的静压力，推力轴承上所受的推力将增加，因此静压力引起的推力可能大大超过水下机器人的推进力。

随着机器人执行系统对轨迹跟踪能力和定位精确性的更高需求，以上要求还需要提高，因此发动机必须起到伺服发动机（servomotor）的作用。气动发动机由于流体的可压缩性误差不可避免，因而很难精确控制，所以除了在典型的驱动钳子钳口开合运动中，或者在不关注连续运动控制的简单臂驱动中使用外，没有被广泛应用。

在机器人应用中使用最多的发动机是伺服电机（electric servomotors）。在这些伺服电机中，由于永磁直流伺服电机和无刷直流伺服电机的控制灵活性高，因此得到了广泛的应用。

永磁直流伺服电机如图 2.5 所示，其由以下几个部分组成：

- 定子线圈。其用以产生磁通量。由永磁体产生磁场。永磁体可以是铁磁陶瓷，也可以是稀土类，它们在封闭的空间内具有强磁场。
- 电枢。其包括绕旋转磁心（转子）的通电绕组。
- 换向器。根据转子的运动决定换向逻辑，通过电刷为旋转电枢线圈和外部绕组线圈提供电连接。

无刷直流伺服电机如图 2.6 所示，其组成如下：

- 产生磁通量的旋转线圈（转子）。它是由磁陶或稀土制成的永磁体。
- 固定电枢（定子）。其由多相线圈制成。
- 静态整流器。基于电机轴上的位置传感器提供的信号，将转子运动的函数生成电枢线圈相位的馈入序列。

图 2.5　永磁直流伺服电机

图 2.6　无刷直流伺服电机

　　液压伺服发动机是基于简单的压缩流体的容积变化的工作原理制成的。在某些机器人应用场合需要用到液压伺服发动机。从结构上看，液压伺服发动机是由一个或多个活塞腔组成（缸体在管室内做往复运动）的。线性伺服发动机的行程是有限的，因为它仅仅是由一个活塞构成的。但是旋转伺服马达的行程是不受限制的，因为它是由多个（通常是奇数）活塞相对于发动机旋转轴的轴向或径向布置构成的。液压伺服发动机的静态和动态性能与电动伺服马达的性能大体相当。

　　从使用的角度来看，可以看出伺服电机具有以下优点：能源来源广泛，使用成本低，产品范围广，功率转化效率高，维护方便，不会污染工作环境。但它们在许多方面也存在局限性：由于重力作用，机械手在静态条件下会出现熄火问题，这就需要紧急制动；在易燃环境中工作需要特殊保护。

　　液压伺服发动机的劣势有：需要液压源，使用成本较高；产品可用范围小，很难实现小型化；功率转化率低下；需要经常进行操作维护；有时候会漏油导致工作环境被污染。

　　液压伺服发动机的优势有：在静态环境下不会熄火，具有自润滑功能，且循环液体易于热处理；即使处于危险的环境下也很安全；功率-重量比很高。

　　从操作的角度可以看出：虽然伺服电机的控制灵活性比液压伺服发动机更好，但是它们都具有良好的动态性能。压缩流体的温度决定液压伺服发动机的动态性能。一般情况下，伺服电机具有速度高、转矩低的特点，所以需要使用齿轮传动装置（这将带来弹性和间隙）。另一方面，液压伺服发动机能够在低速度下产生大转矩。

　　通过上述分析，液压伺服发动机更适合应用于机械手搬运重载荷的情况。在此情况下，液压伺服发动机可以说是最合适的执行器，而且还大大减少了控制系统的整体成本。

2.2.3　功率放大器

功率放大器执行调节任务。在控制信号下，功率流由一次能源提供，且必须传输到执行器来执行期望的运动。也就是说，功率放大器从能源中获得与控制信号成比例的可用功率，然后凭借适当的力和流量将这些获得的可用功率传输到发动机。功率放大器实物如图 2.7 所示。

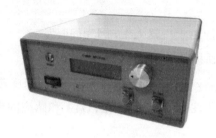

图 2.7　功率放大器

输入到放大器的功率来自一次能源，这些功率与控制信号相关联。总功率中的一部分被传送到执行器，另一部分则被耗散掉。因此，想要使用伺服电机，需要判断使用的电机是何类型，并提供相应的电压和电流。对于永磁直流伺服电机，电压（或电流）为直流电，而对于无刷直流伺服电机则为交流电。功率放大器的控制信号决定永磁直流伺服电机的电压值或无刷直流伺服电机的电压和频率值，并使电机执行期望的运动。

2.3　传感器

传感器是机器人系统中必不可少的组成部分。它是一种能够感知被测信息并将感知到的信息按照一定规则转换成电信号或其他所需信息输出形式的一种检测装置，以满足信息传输、处理、存储、显示、记录和控制等要求。本节主要介绍位置传感器、速度传感器、力传感器、距离传感器和视觉传感器。

2.3.1　位置传感器

位置传感器（position transducers）的作用是提供与机械设备相对给定参考位置的线位移或角位移的成比例的电信号。它们的主要用途是机器工具控制，所以位置传感器应用范围很广。电位计、线性差动变换器（LVDT）以及感应同步器可以用来测量线性位移。电位计、编码器、旋转变压器以及同步器可以用来测量角位移。位置传感器实物如图 2.8 所示。

图 2.8　位置传感器

角位移传感器常被应用于机器人中，因为伺服发动机是旋转类型的，包括移动关节。从其精确性、鲁棒性和可靠性的角度而言，最常见的传感器是编码器和旋转变压器。

线性位移传感器［线性差动变换器（LVDT）和感应同步器］主要用于测量机器人中。

2.3.2　速度传感器

虽然速度测量可以从位置传感器重构，但一般来说，人们为了方便会优先选择使用合适的传感器直接进行速度测量。速度传感器实物如图 2.9 所示。其应用范围很广泛，也被称为转速计。

图 2.9　速度传感器

最常用的转速计是基于电机原理制成的。转速计有两种基本类型：直流转速计和交流转速计。

（1）直流转速计。直流转速计被应用于大多数实际应用中。它是由永磁体提供磁场的小型直流发电机。

（2）交流转速计。由于纹波的存在，直流转速计的输出中可能存在缺陷，为了避免这种情况可以使用交流转速计。

直流转速计可以说是一个真正的直流发电机，而交流转速计可以理解为，交流发电机产生交流电，交流电通过电缆输送，驱动交流电动机，小型交流电动机的转速与被测轴的转速一致。

2.3.3　力传感器

在测量力或转矩的时候，通常可以将其看作是对力（转矩）作用到一个具有合适条件的可扩张元器件上所产生的张力的测量。因此，对力的测量可以通过测量小的位移间接得到。力传感器实物如图 2.10 所示，它的组成基础是一个张力计。它利用的原理是金属丝在张力作用下阻抗会发生变化。

图 2.10　力传感器

1．张力计

张力计的基本组成是一个具有低温度系数的金属丝，将它放置到一个绝缘支撑上。在压力的作用下，这个绝缘支撑会被粘合到具有张力作用的元器件上。金属丝发生了尺寸变化，从而导致阻抗发生了变化。

2．轴转矩传感器

力矩控制发生器是由一个伺服电机来起到作用的，通常需要通过间接测量得到驱动转矩，比如测量永磁直流伺服马达的电枢电流。如果需要确保将转矩与被测量的物理量联系起来的参数的变化具有不敏感性，则需要对转矩进行直接测量。

2.3.4　距离传感器

机器人以自主方式进行的"智能"行为需要外部传感器为其提供所需要的信息，这是外部传感器所具备的基本功能。为此，探测在工作空间中所存在的目标，并且能够测量所存在目标相对于机器人在指定方向上的距离尤为重要。

如图 2.11 所示，该距离传感器是在机器人的应用中最常用到的。它是基于弹性流体中的声波传播的传感器，即声呐（sonars）；同时还是利用光线传播特征的激光（lasers）传感器。下面将讨论这两种传感器的主要特征。

图 2.11　距离传感器

1. 声呐

声呐是利用声音脉冲以及它们的回波来测量出与物体的距离的。因为通常已知音速在给定媒介（空气、水）中的速度，距物体的距离与回波传播的时间成比例，此时间通常叫作传播时间，即声波从传感器到目标，然后再反馈到传感器所用的时间。与其他距离传感器相比，声呐传感器具有成本低、重量轻、功耗低、计算量小的优势。在某些实际应用中，例如在水下或者低能见度的环境，唯一可行的探测方式通常是声呐。因此，声呐传感器得到了广泛应用。

2. 激光

在光学测量系统中，与其他光源相比，通常首先选择激光束，有如下原因：激光可以通过轻重量光源产生很亮的光束；可以在不易被观测到的情况下使用红外线；聚光性好，能发射出很窄的光束；在对不需要的光源频率进行抑制滤波时，单频光源会变得更加容易，并且不会像全谱光源那样在折射中产生很多的耗散。

基于激光的测距传感器通常有两种类型：传播时间传感器和三角测量传感器。这里主要介绍传播时间传感器。传播时间传感器是通过测量光脉冲从光源传播到观测目标后，再反馈到探测器（通常与光源配置在一起）的时间来计算距离的。传播时间与光速（针对空气温度做适当的调整）相乘，便可得到距离测量值。

传感器的精度主要受到最小观测时间，也就是最小可观测距离、接收器时间精度以及激光脉冲时间宽度的制约。这些制约因素不仅仅来自技术本身，在很多情况下，成本也是这些测量装置的制约因素。例如，要获得 1mm 的分辨率、3ps 左右的时间精度，必须通过昂贵的技术和装置才能获得。

2.3.5 视觉传感器

测量目标反射的光的强度一般是由照相机作为视觉传感器来实现的。利用一个感光的元器件，被称为像素（pixel，或 photosite，感光单元），它可以将光能量转化为电能量。根据所用物理原理的不同，实现能量转换的传感器的类型也会有所不同。最常见的是 CCD 与 CMOS 传感器，它们的工作原理都是基于半导体的光电效应。

1. CCD

一个 CCD（Charge Coupled Device）传感器是由具有很多感光单元的矩形阵列组成的。根据光电效应，当发射一个光子，撞击到半导体的表面时，将会产生许多自由电子，如此，每一个元件都会累积一个电荷，这个电荷依赖于入射照度在光敏元件上对时间的积分。然后，这个电荷被一种传输结构（类似于模拟移位寄存器）送到输出放大器中，同时感光单元开始放电。进一步处理该电信号，便可以获得真实的视频信号。

2. CMOS

一个 CMOS（Complementary Metal Oxide Semiconductor）传感器是由众多光电二极管通过矩形阵列排列组成的。每一个光电二极管的交叉点都会被预先充电，所以当其被光子撞击时就会放电。每一个像素积分的放大器，都可以将这个电荷转换为电压数值或电流数值。CMOS 传感器相较于 CCD 传感器的主要区别在于，其像素为非积分装置；在被激活之后，它们测量的不是积分量，而是通过量。由于这种方式具有的特点，饱和像素将永远不会溢出，也就不会影响到相邻像素。这就避免了耀斑（blooming）现象的发生。对于 CCD 传感器，耀斑对其的影响是很大的。

3. 照相机

照相机是一个复杂的系统。它不同于简单的光学传感器，它是包含了多个装置的：一个快门、一个镜头、一个模拟预处理电子组件。其中，镜头的主要作用是负责将物体反射的光聚集到光学传感器所在的平面上，即成像平面。

2.4 本章小结

本章对机器人系统基础理论知识的介绍分为 3 节。第一节介绍了机器人系统的相关概念。第二节和第三节着重介绍了机器人系统中两个重要的组成部分——执行器与传感器，包括对传动装置、伺服发动机、功率放大器、位置传感器、速度传感器、力传感器、距离传感器以及视觉传感器的详细介绍。本章的主要作用是为后续履带式水下清淤机器人的系统设计、模型设计及样机设计提供重要的基础理论支撑。

第3章　履带式水下清淤机器人系统设计

依托常泰大桥沉井清淤作业实际工程，本章针对关键性技术难题设计了一套履带式水下清淤机器人系统。该系统以履带式绞吸清淤机器人为主体，结合吊装平台、钢缆、排污管以及电缆等装置，高效率、高精度地完成了沉井水下井孔清淤施工。本章分别从系统设计技术、标准与性能，系统介绍，系统的组装及拆除3个方面来介绍。

3.1　设计技术、标准与性能

3.1.1　设计技术

以解决工程共性问题、实现工程任务为驱动，总体设计适应全井形的高效率、高精度履带式机器人。机器人作业方式及工艺与其施工环境和作业任务密不可分。基于沉井水下井孔清淤施工的特点，研究适宜的机器人下放方式、行走方式、作业过程水平调节方法、土层掘进与泥沙回收工艺、避碰技术等。

1. 复杂作业场景下的清淤机器人智能控制技术

智能控制技术旨在提高水下机器人的自主性。其体系结构是人工智能技术、自动控制技术的集成，相当于人的大脑和神经系统。软件体系是水下机器人总体集成和系统调度，直接影响智能水平。它涉及基础模块的选取、模块之间的关系、数据（信息）与控制流、通信接口协议、全局性信息资源的管理及总体调度机构；硬件体系则是控制的执行机构，其核心在于可靠性和工况适用性。

基于智能控制技术的特点，结合工艺需要研究机器人复杂作业过程下的定位控制、掘进控制、泥土回收控制、动力控制等一体化智能控制技术，实现软、硬件体系与平台的设计和搭建。

2. 能见度不良环境下的水下清淤机器人智能监测系统

水下环境信息及机器人信息的监测与采集是实现智能控制的前提。水下环境信息主要包括：工作水深、浑浊度、泥土特征、沉井位置及姿态等。机器人信息主要包括：工作电流、掘进机构位置、转速与功率、泥沙绞吸泵送装置功率、机器人位置与姿态等。

研究水下视频监控、合成孔径声呐、前视声呐和三维成像声呐、避碰声呐等设备在高浑浊度的水下环境监测适用性；研究选择适宜的转速传感器、功率传感器、压电传感器等设备实现功率、转速、水深等相关信息的监测与采集；研究信息监测与采集系统的软、硬件搭建。

3. 机器人搭载结构设计与优化

机器人搭载结构是行走机构、控制设备、监控设备、掘进设备、泥沙绞吸泵送装置等的安装母体。搭载结构设计既要保证设备空间布局的合理性，满足结构的轻型化，又要保证作业过程支撑强度的可靠性。基于工业设计和有限元分析理论，运用三维设计工具和有限元分析软件，研究机器人搭载结构的多约束集成设计方法，完成基于强度理论的最优化设计。

4. 机器人仿真设计

运用数字化仿真分析工具，开展对机器人行走动作、挖掘动作、姿态调控动作等的仿真设计，验证设计方案的合理性；建立机器人作业过程仿真系统设计，验证各系统间的互锁性、协调性，并作为施工模拟操作训练平台。

5. 机器人样机研制及应用验证

结合设计技术研究成果，制作机器人样机，完成出厂试验及工业化应用。开展声呐设备、挖掘设备、动力设备等的厂家资料收集工作，完成设备选型和指标参数确定。完成出厂试验，主要内容包括密封、抗干扰、机电匹配、控制系统可靠性与稳定性、软件调试等。以实际沉井施工为依托，进行机器人实地工业化应用验证。

6. 复杂环境下的深水沉井全区域覆盖数字化自动挖掘技术

为实现复杂底质、能见度不良下的深水沉井不排水下沉式挖掘作业，将面临底质有效绞吸、作业数据反馈及可视化问题。需要开展多底质适应性绞吸头、机械臂作业定位运动姿态控制、水下视频监控、环境实时监测、数据实时反馈等方面的研究，以保证有效清淤。

拟采用液压绞龙头技术，有效解决传统打桩机作业笨拙、推进慢的问题，并采用数控导轨控制绞龙头位移，解决起重机拖曳打桩机时无法精确定位的问题，提高执行单元的作业精度。采用摄像头和清污水枪，装配水下视频监控、前视声呐和避碰声呐传感器，将环境监控数据实时反馈到操作显示器上，实现复杂环境下的深水沉井作业。

7. 全井形工况下的机器人组合清淤技术

深水大型沉井清淤施工作业需求和施工方案多样，井形既包括圆柱形等规则井形，又包括阶梯形等非规则井形。水下机器人技术在水下沉井施工作业中的应用，需解决多井形适应度问题。阐释多井形作业工况和环境信息特征，构建多自由度复杂动作的机器人组合系统，解决施工难度大、环境复杂下的作业精度问题。

3.1.2 设计标准

履带式绞吸清淤机器人设计、试验应参照表 3.1 中标准和规范的最新版本（包括但不限于此）。

表 3.1 机器人设计标准

序号	标准号	标准名称
1	GB/T 25295－2010	《电气设备安全设计导则》
2	GB/T 25296－2010	《电气设备安全通用试验导则》
3	GB/T 19517－2009	《国家电气设备安全技术规范》
4	GB/ T18209	《机械电气安全指示、标志和操作》
5	GB/ T1804－2000	《一般公差未注公差的线性和角度尺寸的公差》
6	IEC 61000	《电磁兼容性要求与测试技术》
7	GB/ T7353－1999	《工业自动化仪表盘、柜、台、箱》
8	GB/ 7251－2005	《低压成套开关设备和控制设备》
9	GB/T5465.2－2008	《电气设备用图形符号》
10	GB/T 191－2008	《包装储运图示标志》
11	GB6067	《起重机安全规程》
12	JB/ZQ 4000.3	《焊接件通用技术要求》
13	GB 3098	《紧固件机械性能》
14	GB 50259	《电气装置安装工程施工及验收规范》

序号	标准号	标准名称
15	GB 3766	《液压系统通用技术条件》
16	GB 50221	《钢结构工程质量检验评定标准》
17	GB 50205	《钢结构施工及验收规范》
18	JB/ZS 2.13－94	《设备涂漆通用技术条件》

3.1.3 设计性能

履带式绞吸机器人的设计应具备以下特点：结构紧凑、重量轻；结构布置合理，有足够的维修空间，便于维护保养；结构空档处设置安全防护装置（踏板或护栏）；设备需要人工进行拼接、检查、保养及修理作业的部位，须设计配套作业平台、通道和栏杆等；运输、安装、拆卸方便；装卸车及拼拆装吊的吊点吊耳要设计合理且有明确标识；设备、机构操作简单、方便，走行通道通畅；安全可靠度高；预留今后适应性改造的技术措施；具有功能模块完备性自检功能；关键部件满足耐腐蚀要求；模块化通用性，包含吊装平台、配电方案及电缆等性能。

3.2 履带式水下清淤机器人系统介绍

3.2.1 系统清淤施工场景介绍

履带式水下清淤机器人系统清淤施工是在沉井中进行的。图 3.1～图 3.3 为沉井示意图。沉井是桥梁墩台或其他结构物的基础。沉井是以井内挖土，依靠自身重力克服井壁摩擦阻力后下沉到设计标高，然后经过混凝土封底并填塞井孔，使其成为桥梁墩台或其他结构物的基坑。污水泵站、大型设备基础、人防掩蔽所、盾构拼装井、地下车道与车站水工基础施工围护装置都会使用到沉井。沉井需要的占地面积小，不需要板状围护；挖土量小，对邻近建筑的影响比较小，操作简便。

常泰过江通道主墩基础为新型防冲刷台阶式沉井，是目前国内最大的水中沉井。通过井内清淤沉井下沉入土的最大深度可达 48m，下沉过程中会穿越硬塑黏土、密实砂层、黏土-密实砂互层。沉井基础为钢壳混凝土结构，底节钢沉井整体拼装、浮运、定位，其余钢沉井分节接高，灌注井壁混凝土，通过井内取土下沉。
利用绞吸机器人清淤技术策略，可以着力解决桥梁清淤施工的共性问题。

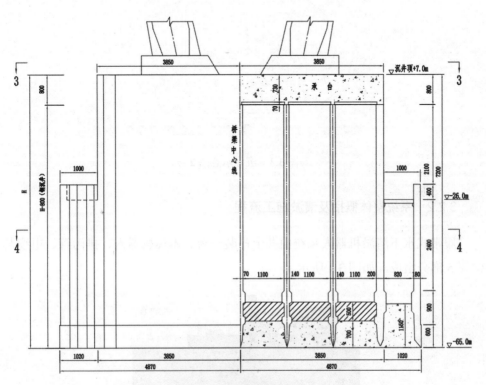

图 3.1　沉井示意图 1

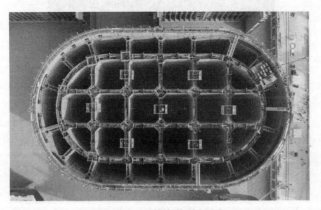

图 3.2　沉井实物俯视图

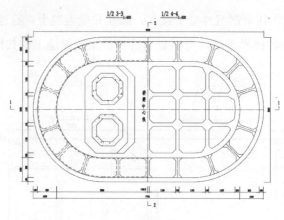

图 3.3　沉井示意图 2

3.2.2　系统整体概括及清淤施工流程

履带式水下清淤机器人系统由井上吊装平台、本体机器人、排污管、电缆及钢缆 5 部分组成，如图 3.4 所示。

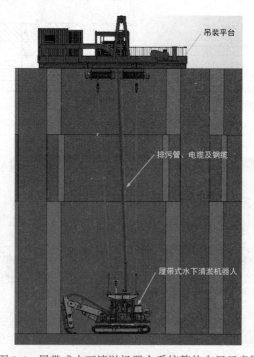

图 3.4　履带式水下清淤机器人系统整体布局示意图

　　吊装平台置于井口上方，利用吊装平台的钢缆绞车来吊放绞吸机器人，操作人员在平台上对机器人进行远程操作施工。吊装平台详细结构图如图 3.5 所示，其由系统操控集成、排污管提升机、排污管放置筐、排污管路、供电线缆收放机、检修平台梯和提升绞车组成。其中，系统操纵集成用于操纵吊装平台以及机器人本体，包括机器人本体的运动控制等；排污管提升机在清淤过程中控制排污管的收放，配合机器人本体将淤泥顺利排出；排污管放置筐用于放置排污管，将排污管置于一个淤泥排出的角度，辅助机器人本体顺利清淤；排污管路用于排放淤泥；供电线缆收放机用于防止连接在机器人本体与吊装平台系统操纵集成的电缆自行交缠，保护电缆，防止电缆因自行交缠影响控制信号传输或损坏；操作人员攀爬检修平台梯对吊装平台进行日常维护检修工作；提升绞车是吊装平台收放机器人的工具，绞车通过钢缆与机器人本体连接。吊装平台作业示意图如图 3.6 所示。

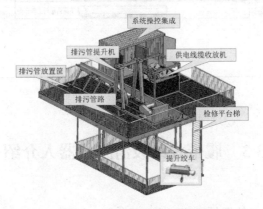

图 3.5　吊装平台详细结构图

图 3.6　吊装平台作业示意图

系统清淤施工的主要流程为：工作人员操作系统操纵集成通过吊装平台将履带式绞吸清淤机器人吊放至工作区域，利用水下声呐传感系统和摄像系统辨别沉井刃脚盲区的位置，通过调整液压机械臂的角度和幅度实现刃脚盲区取土，吸入的土体通过泵送或者气举的方式排放至沉井外。其中沉井底角清理过程如图 3.7 所示，在机器人下降的过程中，绞龙头将底部的泥土逐步挖出。

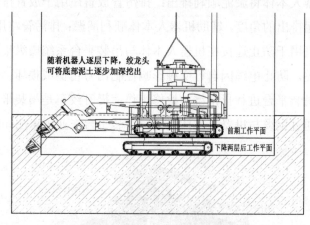

图 3.7　机器人逐层下降作业

3.3　履带式绞吸清淤机器人介绍

3.3.1　机器人本体概括

履带式绞吸清淤机器人以轻量化设计为指导思想，设计的性能符合水下施工的工况，总体设计功能如图 3.8 所示。

如图 3.8 所示，采用 3 轴 4 动作的履带式绞吸清淤机器人完成水下挖掘工作，第 1 动作为机器人 1 级回转层水平 360° 旋转；第 2 动作为 2 级机械臂 ±30° 举升；第 3 动作为 3 级机械臂 ±30° 数字举升；第 4 动作为绞吸口旋转，且有转速数字化反馈。

履带式绞吸清淤机器人结构图如图 3.9 所示。机器人主体由传感监测系统、水下液压系统、履带底盘、绞吸装置、液压支臂、潜水渣浆泵和回转吊装系统组成。

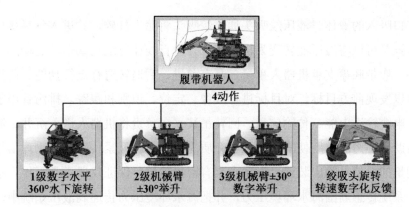

图 3.8 履带式绞吸清淤机器人 3 轴 4 动作示意图

图 3.9 履带式绞吸清淤机器人结构图

机器人的大部分主要执行部件都安装在回转层，主要包括高低压电控仓、水下液压系统、潜水渣浆泵、水下液压控制系统和传感器。工作时这些执行部件都随着回转层来回旋转。

液压绞吸机械臂主要负责携带绞吸头和污水管在水下进行往复清淤作业。

液压绞吸头主要用于泥土破碎与松动，以便更好地将淤泥泵抽至岸上。

履带底盘承载着整个机器人，负责机器人整体的行进功能，中间装置的回转支撑负责回转平台的轴向旋转和载荷。

履带式绞吸清淤机器人的不同角度如图 3.10 所示。其主要由气举接口、吸污管、液压绞吸头、支臂液压缸、履带底盘、前视成像声呐、排污管、电缆、回转吊装平台以及渣浆泵等构成。气举接口通过气举将液体吸入。吸污管用于输送从气举接口吸入的液体。液压绞吸头通过绞吸头将泥土打碎，并进入气举接口。支臂液压缸是可以将液压能转变为机械能，并做直线往复运动或摆动运动的液压执行元件。履带底盘支承机器人重量，具有前进、后退转弯行走等功能。前视成像声呐用以发现前方目标，对目标进行成像、定位、识别和跟踪。排污管用于排出土体。电缆输送电能、传输信息。回转吊装平台负责将机器人送入沉井。渣浆泵通过借助离心力的作用使固、液混合介质能量增加。拉紧传感器将物理信号转变为可测量的电信号输出装置。电器仓具有密封效果，保证仪器正常工作。水下液压补偿系统传感周围海水环境压力，并把海水环境压力传递到液压系统中，对液压系统的压力进行补偿，以消除或减少海水环境压力对液压系统的影响。后视避碰声呐用于探测水中的障碍物，以保证机器人安全地扫描声呐。机械臂主要负责携带绞吸头和污水管在水下进行往复清淤作业，整个机械臂由液压缸驱动，在活动关节处装置有角度传感器，用于检测关节旋转位置及角度并将检测数据实时反馈至操作界面，以便操作人员在浑水作业时能够清晰地分辨机械臂所处的位置。

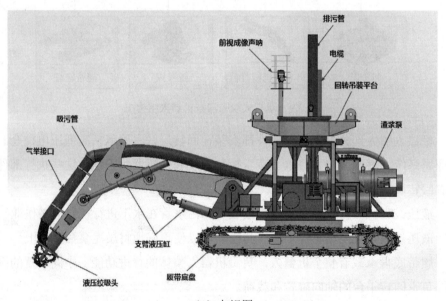

（a）左视图

图 3.10　机器人不同角度示意图

（b）侧视图　　　　　　　　　　　　（c）后视图

图 3.10　机器人不同角度示意图（续图）

　　履带式绞吸清淤机器人的主要工作原理是由吊装平台将机器人吊放至工作区域，操作人员通过机器人搭载的水下视频监控、前视声呐和避碰声呐传感器对施工环境进行监测，监测数据将实时反馈至操作显示器上。控制界面示意图如图 3.11 所示。机器人所有的工作参数都会在控制显示器上显示，包括机器人的工作电压、电流，机器人左倾、右倾、俯仰、横滚角度以及液压支臂和回转体的工作角度，以便操作人员实时掌控机器人的工作状态。

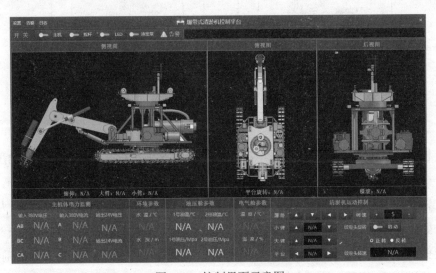

图 3.11　控制界面示意图

3.3.2　机器人施工行走路线

机器人通电，蛟龙头工作程序开启，包括控制程序臂缩到最短大臂和绞龙头倾斜角度值，绞龙头线速度大体设置为 2m/min。每次绞龙头工作间距为 260mm，深入地面部分为 330~380mm，实际平面下降按 350mm 计算；平台左右摆动各 78°；绞龙头相对泥面距离是通过大臂和绞龙头组旋转角度数值计算出来的，并通过视频监控设备进一步验证。机器人的行走路线如图 3.12 所示，绞吸头行程 121m 所需时间为 60min，约 1h。

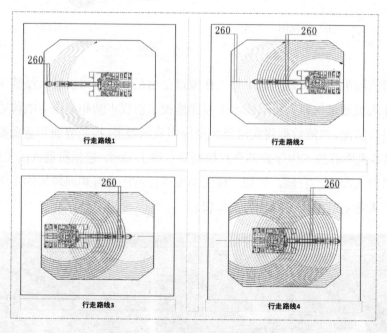

图 3.12　机器人作业行走路线图

机器人间歇性后退，每后退一次大臂带着绞龙头左右摆动一次，摆动角度为 78°~135°，绞龙头线速度为 2m/min，绞吸头行程 220m，需 110min，约 2h。收回大臂及绞龙头，调整到正前方。调整位置后，履带底盘转 180°重新定位，从一侧开始工作。路径与第二步相反，绞龙头左右摆动一次，摆动角度为 78°~135°，绞龙头线速度为 2m/min，绞吸头行程 220m，需 110min，约 2h。机器人间歇前进，每次前进 0.3m 停留一次，大臂左右摆动各 78°。绞龙头线速度为 2m/min，绞吸头行程 121m，需约 1h。

综上，机器人加工一层所需时间约为 6h，每层可下降 350mm，18 小时可以下降 1.05m，加大刀距（绞龙头作业间距）可缩短作业时间。出于安全考虑，程序走刀取土会离井内侧边距 0.3～0.5m。

3.3.3　机器人系统与吊装平台拆装步骤

机器人系统拆除后的主要部件如图 3.13 所示。平台采用模块化设计，各组件通过螺栓进行连接。作业现场的井口尺寸发生变化后，只需要按照新的作业井口尺寸改动承重平台的尺寸，就可以快速适应新的作业尺寸要求。

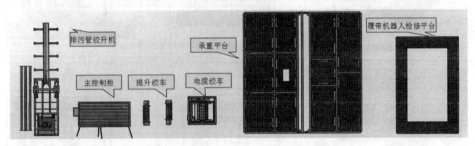

图 3.13　机器人系统拆除后的主要部件

作业平台组装如图 3.14 所示。作业平台全部采用承重梁连接座连接，取消焊接。平台可完全拆解为散件，最大限度地方便了运输。整个作业平台有 4 个平台吊装点供整体起吊使用。

整个作业平台拼接为框架式，框架上铺有钢制格栅板，如图 3.15 所示。供其他组件的安装及作业人员行走，在需要将其他作业工具释放到井下时，可将格栅板取下。

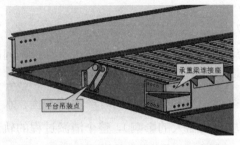 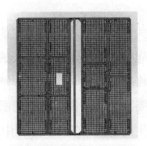

图 3.14　承重梁连接座连接作业平台图　　图 3.15　作业平台格栅板

吊装平台与机器人组装步骤如图 3.16 所示，具体如下：第一步，将作业平台各部分进行组装；第二步，在预制件井口搭设平台，将履带绞吸清淤机器人及履带绞吸清淤机器人检修平台摆放到指定位置；第三步，将组装好的作业平台安装到井口平台上，将履带检修平台及主作业平台之间的螺栓拧紧；第四步，将两台 20t 的电动葫芦安装到位，并连接到履带机器人上；第五步，将组装好的平台调放到需作业的井中；第六步，组装平台上其他组件。

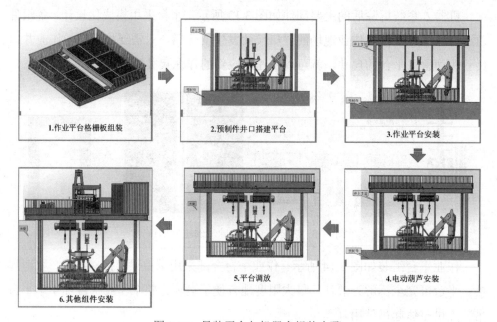

图 3.16　吊装平台与机器人组装步骤

3.4　关键研究问题

关键研究问题析出流程如图 3.17 所示。根据实践经验与所提工程方案，可总结出履带式绞吸清淤机器人的运动控制关键问题是机器人的轨迹跟踪控制问题，通过将控制理论与实际工程结合设计轨迹跟踪控制律，使机器人准确地到达期望的位姿。也就是说，不论清淤时条件如何（包括气举淤泥时产生的干扰、水下环境产生的干扰、在清淤过程中淤泥地质对机器人的影响），整个清淤过程的轨迹跟踪要有足够的推进力矩和转向力矩，确保机器人按照期望的轨迹行进，直到安全地完成清淤工作。

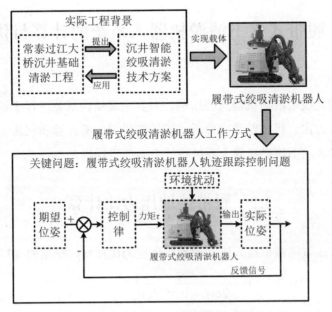

图 3.17   关键研究问题析出流程

3.5   本章小结

本章详细介绍了履带式水下清淤机器人系统设计方案，包括设计技术、标准与性能，清淤方案介绍，机器人本体介绍及机器人组装拆除步骤。其中，相关技术、设计标准和性能，为机器人的设计提供了基础支撑，同时对履带式绞吸清淤机器人清淤工作的流程和现场组装拆除步骤进行了介绍，还清晰地列出了声呐和渣浆泵等仪器的性能，使读者可以更直观地了解机器人。在完成机器人的系统设计之后就可以对各系统进行仿真和分析，并进行调试。

第 4 章　履带式水下清淤机器人系统的计算与仿真分析

针对履带式绞吸清淤机器人的结构，对其主要结构部分进行了设计计算，通过履带接地压力比、机械臂受力分析、液压缸受力分析计算和回转支撑受力分析等，判断履带式水下清淤机器人系统设计方案的可行性。

4.1　履带接地压力比计算

对履带式绞吸清淤机器人进行履带接地压力比计算，根据图 4.1 得出

$$P = \frac{mg}{2b(L + 0.35H_0)}\text{Pa} \tag{4.1}$$

式中，m=12000kg，为设备质量；b=0.4m，为履带宽度；L=4.0m，为履带长度；H_0=0.5m，为履带高度；$g = 9.81\text{m/s}^2$。

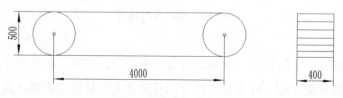

图 4.1　履带接地压力比

水中根据以往清淤类机器人经验，浮力约为重力 $\frac{1}{3}$，即 $F_{浮} \geqslant \frac{1}{3}mg$

$$P_1 = \frac{mg - F_{浮}}{2b(L + 0.35H_0)} = \frac{\frac{2}{3} \times 12000 \times 9.81}{2 \times 0.4 \times (4 + 0.35 \times 0.5)} = 23497\text{Pa} \approx 23.5\text{kPa} \tag{4.2}$$

阻力：T 为牵引力，沙地动摩擦因数 $\mu = 0.1 \sim 0.15$，按 $\mu_{\max}$=0.15 计算

$$F_{阻} = \mu\left(G - F_{浮}\right) = 11772\text{N} \tag{4.3}$$

$$T = \frac{\mu}{R} = \frac{M \cdot 2\pi}{t_0 \cdot z} \tag{4.4}$$

式中，M=24000 N·m；$z = 21$，为驱动齿轮数；t_0 =135mm，为履带节距；π=3.14，求出

$$T = \frac{24000 \times 2 \times 3.14}{0.135 \times 21} = 53.164\text{kN} = 53164\text{N} \tag{4.5}$$

黏土动摩擦因数 $\mu = 0.25 \sim 0.3$，取 $\mu_{2\max} = 0.3$ 计算得出 $F_{阻2} = \mu(G - F_{浮}) = 23544\text{N}$，并根据式（4.5）计算得出驱动 $T = 53164\text{N}$。通过比较，牵引力 T 远大于阻力。

4.2 液压缸受力计算

1. 大臂液压缸受力计算

大臂液压缸受力如图 4.2 所示。大臂液压缸推力计算如下：

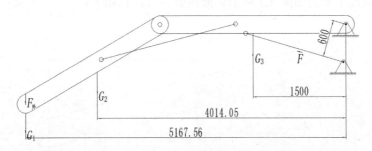

图 4.2 大臂液压缸受力图

$$(F_W + G_1) \cdot L_1 + G_2 \cdot L_2 + G_3 \cdot L_3 = F \cdot L \tag{4.6}$$

式中，F 为大臂液压缸推力（N）；L =600mm；F_W 为绞龙旋转产生的切削壁对小臂作用力（此处按最大计算）；G_1 =3000N，为绞龙头重量；G_2 =4000N，为小臂重量；G_3 =6000N，为大臂重量；L_1 =5167.56mm；L_2 =4014.05mm；L_3 =1500mm。

对绞龙旋转产生的切削壁对小臂作用力进行计算

$$F_W = \frac{T}{D/2} \tag{4.7}$$

式中，T =5000 N·m，为绞龙扭矩；D=600mm，为绞龙外径。

$$F_W = \frac{T}{D/2} = \frac{5000}{0.6/2} \approx 17000\text{N} \tag{4.8}$$

$$F = \frac{(F_{\mathrm{W}} + G_1)L_1 + G_2 L_2 + G_3 L_3}{L} \approx 214000\mathrm{N} \tag{4.9}$$

对液压缸缸筒内面积进行计算

$$S = \frac{F}{P} \tag{4.10}$$

式中，S 为液压缸缸筒内面积（mm^2）；P 为液压缸额定压力（此处按 16MPa 计算）

$$S = \frac{F}{P} = \frac{214000}{16} = 13375\mathrm{mm}^2 \tag{4.11}$$

$$D = 2\sqrt{\frac{S}{\pi}} \cdot 2 = 2\sqrt{\frac{13375}{3.14}} \cdot 2 = 131\mathrm{mm} \tag{4.12}$$

式中，D 为液压缸缸径（mm）；S 为液压缸缸筒内面积（mm^2）；按经验选缸筒内径为 160mm、活塞杆直径为 110mm 的液压缸。

2. 液压缸拉力校验

极限位置 1 受力如图 4.3 所示。液压缸拉力计算如下：

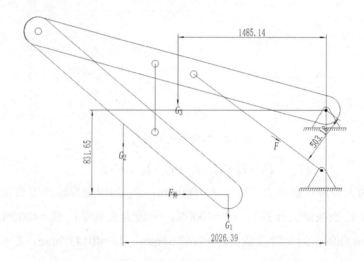

图 4.3　大臂液压缸拉力校验极限位置 1 受力图

$$F_{\mathrm{W}} \times 0.84 = G_1 \times 0.98 + G_2 \times 2.03 + G_3 \times 1.5 + F_{\text{拉}} \times 0.5 \tag{4.13}$$

式中，F_{W}、G_1、G_2、G_3 同上述；$F_{\text{拉}}$ 无限小。

极限位置 2 受力如图 4.4 所示。液压缸拉力计算如下：

计算同式（4.13），$F_{\text{拉}}$=80000N，为液压缸最大拉力，$F_{\text{拉 max}}$=169560N，校验

满足。大臂液压缸缸径为 160mm,活塞杆直径为 110mm。

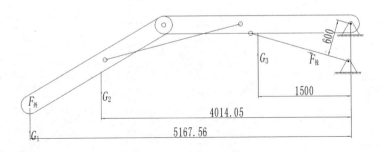

图 4.4   大臂液压缸拉力校验极限位置 2 受力图

3. 小臂液压缸受力计算

小臂液压缸受力如图 4.5 所示。小臂液压缸推力计算如下:

$$(F_{外} + G_1) \times 2.17 + G_2 \times 1.01 = F_2 \times 0.3 \tag{4.14}$$

式中,$F_{外}$、G_1、G_2 同上,由上述液压缸面积及直径计算公式得直径为 113mm。由于两个液压缸受力,因此单个液压缸直径为 57mm。按经验选缸筒内径为 80mm、活塞杆直径为 56mm 的液压缸。

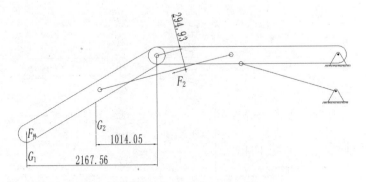

图 4.5   小臂液压缸受力图

4. 液压缸拉力校验

小臂液压缸极限位置 1 受力如图 4.6 所示。小臂液压缸拉力计算如下:

$$F_{外} \times 1.6 + G_1 \times 1.92 + G_2 \times 0.87 = F_{拉2} \times 0.8 \tag{4.15}$$

式中,$F_{外}$、G_1、G_2、G_3 同上述,$F_{拉2}$=758350N,液压缸最大拉力 $F_{拉\,max2}$=40995.84N,两只液压缸最大拉力为 81991.68N,满足使用要求。

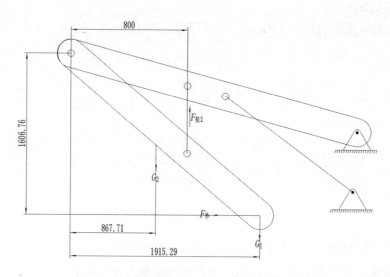

图 4.6　小臂液压缸拉力校验极限位置 1 受力图

小臂液压缸极限位置 2 受力如图 4.7 所示。小臂液压缸拉力计算如下：

$$F_2 = \frac{(F_{外} + G_1) \times 2.17 + G_2 \times 1.01}{0.3} + \frac{(17000 + 3000) \times 2.17 + 4000 \times 1.01}{0.3} = 158133\mathrm{N}$$

$$(4.16)$$

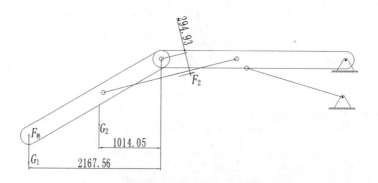

图 4.7　小臂液压缸拉力校验极限位置 2 受力图

计算同式（4.16），F_2=158133N，两只液压缸最大拉力 $F_{拉\max}$=81991.68N，校验不满足。最终小臂液压缸缸径为 100mm，活塞杆直径为 70mm。两只液压缸最大拉力为 128112N，满足使用要求。

4.3　关键部位结构强度仿真分析

履带式水下清淤机器人关键部位对结构强度的要求较高，因此要对各关键部位通过仿真进行结构强度分析。其关键部位主要包括吊架焊接件、吊架焊接件底座、机器人框架和机械臂 4 个部分（图 4.8）。吊架关键部位的仿真分析主要分为 3 个部分：吊架整体的仿真分析、面板仿真分析和吊耳仿真分析。

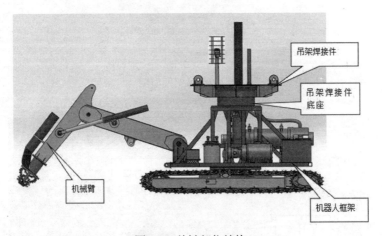

图 4.8　关键部位结构

第一步进行吊架焊接件的仿真分析，具体情况如下：

吊架焊接件是履带式水下机器人本体用来连接吊装钢缆的关键构件，其对结构强度要求较高，履带式绞吸清淤机器人自重约为 12000kg。进行吊架整体仿真的目的是判断吊架是否能承载机器人自重及额外负载，达到设计工作强度，保证履带式绞吸清淤机器人在水下能够安全顺利地完成工作。如图 4.9 所示，该构件的主要尺寸为：长 2500mm，宽 1562mm，高 590mm。通过仿真可知，结构总质量为 1592.2kg，所用材料为 Q355D 钢材。Q355D 钢材为低合金高强度结构钢，屈服强度为 355MPa，符合履带式水下清淤机器人的结构强度要求。

吊架吊耳作为吊装钢缆的连接点，C、D 点为远端约束点，C 点为吊耳 1 和吊耳 2 的吊点，D 点为吊耳 3 和吊耳 4 的吊点。吊绳与水平角度按 45°计算。设备空重约为 120000N，分别在红色区域（图 4.10 中间圆上半部分）施加 240000N 竖直向下载荷，重力加速度 g 取默认值。

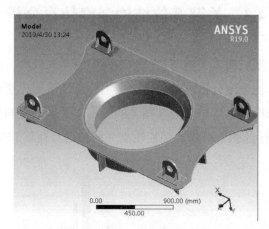

图 4.9   吊架模型图

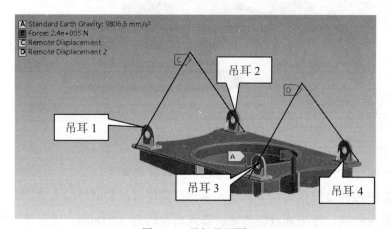

图 4.10   吊架吊耳图

　　仿真中使用变形云图和应力云图来体现整体变形情况，云图表示对应物理量在区域中的分布，暖色代表数值较大，冷色代表数值较小。

　　通过对吊架进行仿真分析，图 4.11 为吊架焊接件整体变形云图（72 倍变形），分析吊架整体变形云图一，最大变形位于面板两侧约 1mm，最大变形量为 1.0305。图 4.12 与图 4.13 为吊架整体应力云图，通过综合分析吊架整体应力云图一和二。可以看出吊架整体所受最大应力为 101MPa，吊架材质拟定为 Q355（原 Q345），屈服强度不低于 355MPa。

图 4.11　吊架整体变形云图一

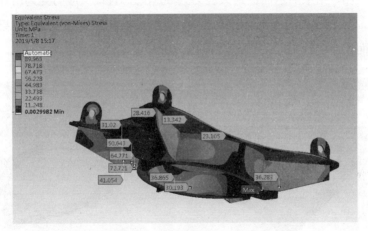

图 4.12　吊架整体应力云图一

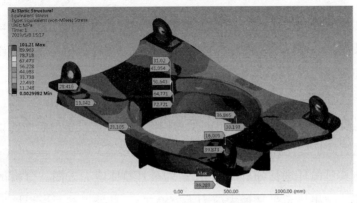

图 4.13　吊架整体应力云图二

通过综合分析吊架整体应力云图和吊架整体变形云图，可以得出结论：焊件在 2 倍自重的载荷下，以 45°夹角起吊，焊件材质满足强度要求。可以承载履带式绞吸机器人自重及部分额外荷载，保证机器人在水下的正常工作和吊装。

第二步进行提取面板检查。

吊架面板承受来自吊耳的应力，连接吊耳与吊架底座，对保证吊架整体完整度起着至关重要的作用。为保证履带式绞吸清淤机器人能完成吊装，面板也需满足一定的设计强度需求。

通过软件对面板进行仿真分析可知，图 4.14 为面板整体应力云图。分析面板整体应力云图，结果显示面板最大应力为 60MPa，且最大应力处为吊耳地板焊机尖点位置。图 4.15 为面板整体变形云图。分析面板整体变形云图，结果显示最大变形位于面板两侧约 1mm，与焊件整体分析结果一致。

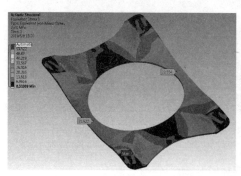
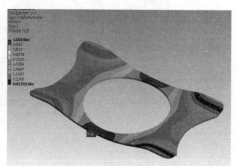

图 4.14　面板整体应力云图　　　　图 4.15　面板整体变形云图

结合面板整体变形云图和面板整体应力云图的分析结果，得出结论：面板强度符合设计要求。可以承载机器人本身重量和部分额外荷载，保证机器人在水下正常工作和吊装。

第三步进行提取吊耳检查。

吊耳是安装在设备上用于起吊的受力构件。吊耳是设备吊装中的重要连接部件。吊耳能否满足设计强度要求直接关系到吊装安全。

通过仿真对吊耳进行分析，图 4.16 为吊耳整体应力云图。分析吊耳吊耳整体应力云图，结果显示吊耳最大应力为 58MPa，且处于和面板焊接尖点位置。

图 4.17 为吊耳整体变形云图。通过分析吊耳整体变形云图，结果显示吊耳最大变形量为 0.6mm。

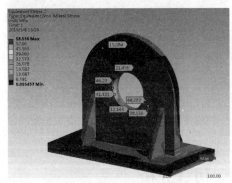 

图 4.16　吊耳整体应力云图　　　　　　　图 4.17　吊耳整体变形云图

综合分析以上两图，得到结论：吊耳设计符合强度要求，建议后期详细设计阶段对吊耳底座进行倒圆处理，改善应力集中的状况，防止在吊耳部件承受冲击时零件表面产生破损。应保证机器人水下吊装的安全性，提高零件的耐久度。

4.4　吊架焊接件底座仿真分析

焊接件底座上部连接吊架，下部承受履带式绞吸清淤机器人的自重。为保证吊装安全，需检验吊架焊接件底座是否满足设计强度需求，因此对焊接件上部的斜面（即吊架焊接件相接触的面）进行固定约束，底部螺栓孔依旧施加 240000N 载荷。

通过仿真分析吊架焊接件，图 4.18 为吊架焊接件底座应力云图。分析吊架焊接件底座应力云图，结果显示焊件底座最大受力为 95MPa。图 4.19 为吊架焊接件底座变形云图。分析吊架焊接件底座变形云图，结果显示最大变形量为 0.04mm。

综合以上两图结果，得出结论：吊架焊接件底座在承受相当于机器人两倍自重的荷载下的情况下，结构强度符合设计要求，可以保证履带式绞吸清淤机器人的正常工作。

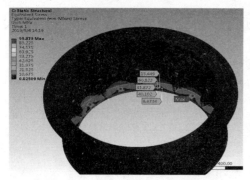
图 4.18　吊架焊接件底座应力云图

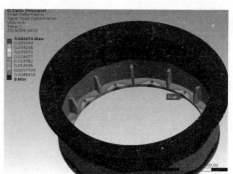
图 4.19　吊架焊接件底座变形云图

4.5　机器人框架仿真分析

机器人框架约束机器人内部构造，支撑机器人整体结构，机器人框架的整体强度对机器人完成水下预定目标有着十分重要的作用。机器人框架的主要尺寸为：长 3380mm、宽 2900mm、高 1640mm。框架总重 2000kg，模型网格总数为 42 万，全局采用六面体网格，局部网格细化处理，如图 4.20 所示。

通过仿真分析机器人框架可知，机器人框架以框架旋转轴承固定孔作为固定约束面，如图 4.21 所示。C 处为渣浆泵固定面，D/F 面固定电器仓，E 面为液压马达固定面，H 面为液压站固定面。分别添加对应压力载荷。

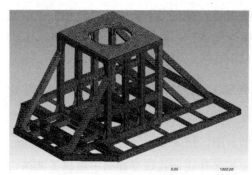
图 4.20　机器人框架网格图

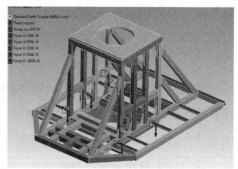
图 4.21　机器人框架固定面

通过仿真分析框架可知，图 4.22 为框架应力云图。分析框架应力云图，结果显示最大应力为 325MPa，是非常小的尖点区域。底部筋板大面积受力为 200～

250MPa，强度符合设计要求。图 4.23 为框架变形云图。分析框架变形云图，结果显示最大变形量在尾部横梁，约为 6.3mm。

图 4.22　框架应力云图　　　　　　图 4.23　框架变形云图

综合框架变形云图和框架应力云图的结果，得出结论：框架强度基本符合设计要求，可以满足履带式绞吸清淤机器人的使用需求，部分区域需要优化消除应力集中，以保证机器人的使用寿命和使用安全。

4.6　履带底盘回转支撑强度计算

机器人在水平位置时，对机械臂处于极限位置进行受力分析。此时机械臂前端距离回转中心水平距离为 0.6m，受力分析如图 4.24 所示。

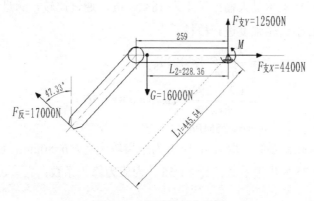

图 4.24　机械臂受力分析

由旋转马达驱动绞刀头最大输出扭矩为 5000N·m 计算可得泥浆作用在机械

小臂的反力最大为17000N，具体计算如下：

$$F_{反} = \frac{2M_{绞}}{D_{绞}} = \frac{2 \times 5000}{0.6} = 17000 \text{N} \tag{4.17}$$

根据力的平衡方程可得

$$\begin{cases} \sum F_X = 0, & F_f \cdot \sin\theta - F_{Zx} = 0 \\ \sum F_Y = 0, & F_f \cdot \cos\theta + F_{Zy} - G = 0 \\ \sum M(F_i) = 0, & F_f \cdot L_1 - G \cdot L_2 - M_Z = 0 \end{cases} \tag{4.18}$$

式中，$\theta = 47°$；F_f 为泥浆作用在机械小臂上的最大反力；F_{Zx} 为机械大臂支点处 X 方向作用力；F_{Zy} 为机械大臂支点处 Y 方向作用力；G 为机械臂的总重；L_1 为 F_f 对支点的力臂长度；L_2 为 G 对支点的力臂长度；M_Z 为机械大臂支点处转矩。

解得，$F_{Zx} = 12500 \text{N}$，$F_{Zy} = 4400 \text{N}$，$M_Z = 35000 \text{N} \cdot \text{m}$，其中 F_{Zy} 对回转中心的倾覆力矩为

$$M_1 = F_{Zy} \cdot L_3 = 4400 \times 1.58 = 7000 \text{ N} \cdot \text{m} \tag{4.19}$$

其中 L_3 为支点距回转中心的距离，此时回转中心所受最大倾覆力矩为

$$M_a = M_Z + M_1 = 35000 + 7000 = 42000 \text{N} \cdot \text{m} \tag{4.20}$$

因回转支承最大可承受110kN·m倾覆力矩，故满足设计要求。

其中 F_{Zx} 对回转中心的横向转矩为

$$M_F = F_{Zx} \cdot L_4 = 12500 \times 0.7 = 8750 \text{N} \tag{4.21}$$

其中 L_4 为回转支承半径。

计算得出回转支承最大输出转矩为 $18 \text{kN} \cdot \text{m}$，通过比较，满足设计要求。

对回转中心小齿轮强度进行校核：

$$\begin{aligned} \sigma_F &= \frac{K \cdot F_{Zx}}{b \cdot m} Y_F \cdot Y_\sigma \cdot Y_S \\ &= \frac{1.2 \times 12500}{80 \times 10} \times 2.75 \times 0.8 \times 1.56 \\ &= 64.35 \text{MPa} \end{aligned} \tag{4.22}$$

式中，K 为计入载荷系数，取 $K=1.2$；b 为小齿轮齿宽，$b=80$mm；$m=10$，为小齿轮模数；$Y_F = 2.75$ 为齿形系数；$Y_S = 1.56$，为应力修正系数；$Y_\sigma = 0.8$，为重合度系数。

$$[\sigma]_F = \frac{\sigma_{\text{Flim}}}{S_F} = \frac{180 \times 2}{1.25} = 288 \text{MPa} \tag{4.23}$$

式中， $\sigma_{\text{Flim}} = 180\text{MPa}$ ，为齿根弯曲疲劳极限应力； $Y_N = 2.0$ ，为寿命系数； $S_F = 1.25$ ，为安全系数。

由计算得出 $\sigma_F \leqslant [\sigma]_F$ ，故满足设计要求。

对机械臂前端与回转中心水平距离为 3m 处的极限位置进行受力分析，如图 4.25 所示。

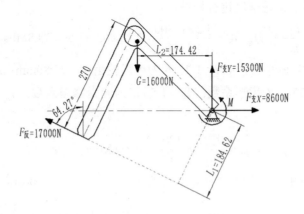

图 4.25　机械小臂受力分析

机械小臂所受的最大反力仍以液压马达最大输出扭矩 5000N·m 计算，即 $F_f = 17000\text{N}$ 。

根据力的平衡方程可得

$$\begin{cases} \sum F_X = 0, & F_f \cdot \sin\theta - F_{Zx} = 0 \\ \sum F_Y = 0, & F_f \cdot \cos\theta + F_{Zy} - G = 0 \\ \sum M(F_i) = 0, & F_f \cdot L_1 - G \cdot L_2 - M_Z = 0 \end{cases} \tag{4.24}$$

式中， $\theta = 64°$ ； F_f 为泥浆作用在机械小臂上的最大反力； F_{Zx} 为机械大臂支点处 X 方向作用力； F_{Zy} 为机械大臂支点处 Y 方向作用力； G 为机械臂的总重； L_1 为 F_f 对支点的力臂长度； L_2 为 G 对支点的力臂长度； M_Z 为机械大臂支点处转矩。

解得， $F_{Zx} = 15300\text{N}$ ， $F_{Zy} = 8600\text{N}$ ， $M_Z = 3400\text{N·m}$ ，其中 F_{Zy} 对回转中心的倾覆力矩为

$$M_1 = F_{Zy} \cdot L_3 = 8600 \times 1.58 = 13600\,\text{N·m} \tag{4.25}$$

式中， L_3 为支点距回转中心的距离，此时回转中心所受最大倾覆力矩为

$$M_a = M_Z + M_1 = 3400 + 13600 = 17000\text{N·m} \tag{4.26}$$

因回转支承最大可承受110kN·m倾覆力矩，故满足设计要求。

式中，F_{Zx}对回转中心的横向转矩为

$$M_F = F_{Zx} \cdot L_4 = 15300 \times 0.7 = 10710\text{N} \tag{4.27}$$

式中，L_4为回转支承半径。

回转支承最大可承受18kN·m倾覆力矩，故满足设计要求。

对回转中心小齿轮强度进行校核：

$$\sigma_F = \frac{K \cdot F_{Zx}}{b \cdot m} Y_F \cdot Y_\sigma \cdot Y_S = \frac{1.2 \times 15300}{80 \times 10} \times 2.75 \times 0.8 \times 1.56 = 78.8\text{MPa} \tag{4.28}$$

式中，K为计入载荷系数，取$K=1.2$；b为小齿轮齿宽，$b=80\text{mm}$；$m=10$，为小齿轮模数；$Y_F = 2.75$，为齿形系数；$Y_S = 1.56$，为应力修正系数；$Y_\sigma = 0.8$，为重合度系数。

$$[\sigma]_F = \frac{\sigma_{\text{Flim}}}{S_F} = \frac{180 \times 2}{1.25} = 288\text{MPa} \tag{4.29}$$

式中，$\sigma_{\text{Flim}} = 180\text{MPa}$，为齿根弯曲疲劳极限应力；$Y_N = 2.0$，为寿命系数；$S_F = 1.25$，为安全系数。

由计算得出$\sigma_F \leqslant [\sigma]_F$，故满足设计要求。

机器人爬坡受力分析如图4.26所示。机器人整机在最大爬坡角度20°时，回转中心所受倾覆力矩最大，计算如下：

$$M_q = G_a \cdot L = 140000 \times 0.4 = 56000\text{N} \cdot \text{m} \tag{4.30}$$

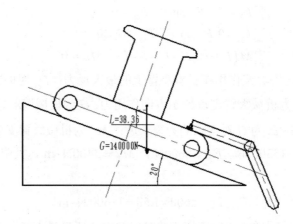

图 4.26　机器人爬坡受力分析

由计算结果分析可知，M_q 小于回转支承最大可承受倾覆力矩，故满足设计要求。

4.7　本章小结

本章主要通过计算的方法论证了履带式绞吸清淤机器人行驶的可行性，并经计算确定液压缸满足使用需求；通过 ANSYS 仿真分析论证了履带式绞吸清淤机器人的吊装关键部位、吊架焊接件底座及机器人框架的强度满足设计需求；通过计算确定履带底盘回转支撑强度满足设计需求，从而为机器人模型设计提供数据支撑。

第 5 章　履带式水下清淤机器人的模型与样机

本章依据第 4 章仿真结果和强度计算结果，并参考第 2 章机器人系统基础理论知识，自主设计了履带式水下清淤机器人的模型与样机。本章主要介绍了模型结构特征、模型配置、模型控制系统设计、样机简介、样机结构与工作原理的相关内容。

5.1　履带式水下清淤机器人模型

5.1.1　模型结构特征

履带式水下清淤机器人模型适用于模拟履带式水下清淤机器人控制试验，其集视觉图传、上位机遥控、编程控制等功能于一体。系统采用电源 7.4V/14.8V 锂电池组作为动力，能保证各项功能的正常进行。系统有多路模拟量、数字量兼容的采集输入通道，足以满足大部分后期传感器或其他设备加装。

机器人模型采用双控制器、高扭矩舵机，使用工业级红外避障传感器，具有独立研发上位机无线遥控程序的特点。

履带式水下清淤机器人模型使用的环境温度为–10～50℃，相对湿度为 0%～95%，无冷凝。使用环境应无腐蚀性气体、可燃性气体、油雾、水蒸气、滴水或盐分等，适用于大气压力为 70～106kPa 的情况，存储温度为–10～50℃，冷却方式为自然冷却。样机使用时的海拔高度应≤5000m，系统功耗小于 1kW。在机器人模型的舵机复位时活动半径内应保证无人，并且直流供电系统的电源正负极不可接反。

模型的基本结构为履带式机器人结构，重量约 7kg，样机颜色为金属色，外壳为黄色。模型三视图如图 5.1～图 5.3 所示。

模型设备的主要由外壳、控制主板、系统电源、内部线槽、舵机机械臂、绞吸头、履带结构等部分结构组成。

图 5.1　模型俯视图

图 5.2　模型侧视图　　　　　　　　　图 5.3　模型正视图

5.1.2　模型配置

　　履带式机器人试验模型的设计是根据实际样机设计图进行的等比例缩放，为了验证机器人的相关性能而设计的模拟仿真机器人，其试验模型的硬件性能应保证尽量与实际模型一致或等效替换。本节将列明模型系统配置总体方案。

　　1. 主要参数

　　试验模型设备的主要参数为舵机堵转扭矩 60kg·cm、堵转电流 6A、绞吸头电机堵转扭矩 16kg·cm RPM100、驱动电机力矩 9.5kg-cm RPM150。试验模型尺寸为长×宽×高（非展开尺寸）370mm×800mm×570mm，试验模型重量为 7kg 左右，含电池。

　　2. 主控芯片

　　水下机器人系统的核心就是控制系统，而主控芯片就是控制系统的主导中心，如同人的大脑，处理分配每一步控制任务，因此控制芯片的选型对本履带式机器人的稳定运行起着至关重要的作用。其负责通信、传感信息交互、信息融合等需要极大计算能力的任务。为了让机器人具有更好的性能与仿真能力，根据实际模型选用的主控芯片，需从性能、稳定性、开发周期、成本方面进行考虑。本实验模型选用意法半导体的 STM32F103C8T6 作为主控芯片。该芯片基于 ARM Cortex-M3 内核，因其具有低功耗、性能较好、封装体积小、优化方案成熟、相比 8 位处理器算力更强以及适应性好的特性，在 32 位微型控制器中常作为试验机的首选。芯片详细参数表见表 5.1，芯片原理设计、芯片外形分别如图 5.4 和图 5.5 所示。

表 5.1　STM32F103C8T6 芯片详细参数表

序号	芯片部件	参数
1	存储器容量	RAM：20KB
2	计时器数	3
3	封装形式	LQFP
4	工作温度范围	−40～105℃
5	针脚数	48
6	工作温度最低	−40℃
7	工作温度最高	105℃
8	串行通信	1×SPI，1×I2C，2×USART，USB.CANT
9	位数	32
10	器件标号	（ARM Cortex）STM32
11	存储器类型	FLASH
12	定时器位数	16
13	封装类型	剥式
14	接口类型	CAN，I2C，SPI，UART，USB
15	时钟频率	72MHz
16	模数转换器输入数	10
17	电源电压最大	3.6V
18	电源电压最小	2V
19	芯片标号	32F103C8T6

续表

序号	芯片部件	参数
20	表面安装器件	表面安装
21	输入/输出线数	32
22	闪存容量	128KB

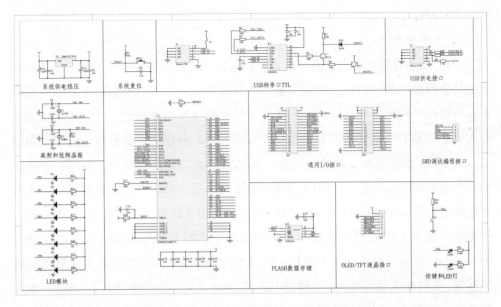

图 5.4　STM32F103C8T6 设计原理图

其中与本机器人设计有关的主要特征如下：

（1）具有 64KB 闪存、72MHz 中央处理器，有利于试验模型的期望控制性能的实现，可降低计算延迟。

（2）–40～85℃的温度范围和–40～105℃的扩展温度范围，与实际模型的标准相同，利于模拟水下控制能力。

图 5.5　STM32F103C8T6 芯片样图

（3）RISC 具有 72MHz 的频率，高速嵌入式存储器核心操作系统（闪存高达128KB 和 SRAM 高达 20KB），方便数据点传输与缓存计算，更利于控制方法的实现与拓展。

（4）连接到两条 APB 总线的各种增强型 I/O 和外围设备，有利于拓展相关硬件设备，更利于进行功能测试与拓展试验。

（5）提供两个 12 位 ADC、3 个通用 16 位定时器以及 1 个 PWM 定时器。

（6）标准和高级通信接口：最多 2 个 I2C 和 SPI、3 个 USART、1 个 USB 和 1 个 CAN。

3. 主要传感器

（1）姿态传感器。为了更好地进行轨迹跟踪控制，姿态传感器是必要的，可以更好获得水下的 ROV 自身的姿态，而其精度往往影响着控制精度。惯性测量单元是惯性导航的硬件基础，一般包含 3 轴陀螺仪和 3 轴加速度计，为保证偏机器人姿态解算的稳定性，通常会加装 3 轴磁力计，分别用于测量载体的 3 轴角速度、3 轴轴向加速度和 3 轴磁场强度。将 IMU 牢牢固定在载体上，并尽可能使其坐标系与载体坐标系重合。MCU 接收 IMU 输出的信息，经过姿态解算后，实时且连续地提供载体当前的欧拉角信息。本设计选用 9 轴组合传感器芯片 MPU9250 作为水下机器人的姿态传感器，用于测量水下机器人的姿态数据。该芯片是由 InvenSense 公司开发的一款低功耗、低成本传感器芯片，内部集成了 3 轴陀螺仪传感器、3 轴加速度传感器、3 轴磁力计和 DMP（数字运动处理器）。其中，角速度范围可设置为 ±250、±500、±1000 及 ±2000rad/s，加速度范围可设置为 ±2、±4、±8 及 ±16m/s^2，磁场范围可设置为 ±4800A/m。与 MCU 采用标准 I2C 或 SPI 协议通信，I2C 通信最快速度可达 400kHz。InvenSense 公司提供了一个 MPU9250 嵌入式驱动库，结合芯片内置的 DMP，能够将采集的原始数据直接转换成四元数输出，得到了四元数就可以很方便地计算出欧拉角。详细参数见表 5.2，原理图如图 5.6 所示。从图 5.7 的样图可以看出其外形小巧，适合试验样机等比地嵌入安装。

表 5.2　MPU9250 芯片主要参数

序号	主要参数	参数值
1	使用芯片	MPU9250
2	供电电源	3.3～5V
3	电流	<25mA

续表

序号	主要参数	参数值
4	通信方式	串口 TT/IC 通信
5	输出数据	3 轴（加速度+角速度+角度+磁场）四元数
6	陀螺仪范围	±250/500/1000/2000*/s（可设置）
7	加速度范围	±2/4/8/16g（可设置）
8	角度范围	X、Z 轴：±180°；Y 轴：±90°
9	角度精度	X、Y 静态：0.05°；动态 0.1°；Z 轴：1（远离磁场）
10	回传速率	0.2～200Hz（默认 10Hz）
11	波特率	4800～921600（IIC 速率达 400K）

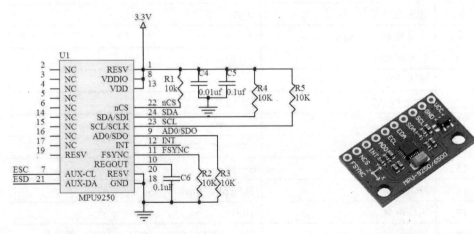

图 5.6　MPU9250 原理图　　　　图 5.7　MPU9250 芯片样图

（2）深度传感器。履带式水下清淤机器人在清淤过程中需要明确泥层深度，因此需要选择一个性能良好的深度传感器。本试验样机深度测量选用一个与样机一样的高分辨率压力传感器 MS5803-01BA。该传感器内部集成了 24 位温度传感器和压力传感器，工作电压范围为 1.8～3.6V，测量范围为 10～1300mbar，精确度达 12ubar 分辨率，工作温度范围为−40～125℃，所采用的传感原理使压力和温度信号具有低滞后性和高稳定性。MCU 可以通过 I2C 或 SPI（模式 0/模式 3）总线接口与其进行配置和读取数据，由传感器采集的压力值经过数字校正和温度二阶补偿后得到比较准确的压力值，然后利用水压计算公式推导计算出当前深度。参数规格见表 5.3，样图如图 5.8 所示，原理图如图 5.9 所示，可以看出其适应环境完全满足水下试验需求。

表 5.3　MS5803-01BA 芯片参数

序号	方位角测量轴向	Z 轴方位角度（180°）
1	采集带宽（H2）	>100
2	分辨率（°）	0.01
3	方位角精度（/m）	<0.1
4	位置精度（mm/m）	<2（根据角度换算所得）
5	非线性	0.1% of FS
6	最大角速度范围（/s）	150
7	加速度量程（g）	±4
8	加速度分辨率	0.001
9	加速度精度（mg）	5
10	启动时间（s）	5（静止）
11	输入电压（V）	9～36
12	电流（mA）	60（12V）
13	工作温度（℃）	−40～80
14	储存温度（℃）	−40～85
15	震动（g）	5～10
16	冲击（g）	200g pk，2ms，V/sine
17	工作寿命	10 年
18	输出速率	5Hz、15Hz、25Hz、50Hz、100Hz 可设置
19	输出信号	RS232/RS485/TL（可选）
20	平均无故障工作时间 MTBF	250000 小时/次

图 5.8　MS5803-01BA 芯片样图

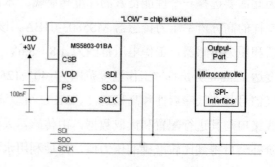

图 5.9　MS5803-01BA 原理图

（3）湿度传感器。水下机器人密封舱内的温度和湿度对其内部电子元器件的使用寿命及使用安全性具有至关重要的作用，因此，需要在电路设计中加入一个温湿度传感器监测舱内的温度和湿度，系统会将采集的温度和湿度数据通过无线数传模块实时反馈给遥控端，如果温湿度未处于安全值范围内会及时发出报警信号。选用与样机一样的工程常用温湿度传感器 SHT20，其相关参数见表 5.4，样图如图 5.10 所示。

图 5.10　SHT20 样图

表 5.4　SHT20 主要参数规格

序号	主要参数	参数值
1	产品种类	温湿度传感器
2	RH 范围	0%～100%
3	RH 精度	+/−3%
4	安装风格	SMD/SMT
5	输出类型	Digital
6	接口类型	I2C
7	分辨率	12 bit，14bit
8	全温准确度	+/−0.3℃
9	工作电源电流	150 nA
10	电源电压（最小）	2.1V
11	电源电压（最大）	3.6V

本传感器采用单总线通信，影响选取的主要技术指标如下：

1）温度测量范围及测量误差：−40～80℃，±0.5℃。

2）湿度测量范围及测量误差：0～100%，±2%。

3）分辨率：16 位。

4）采样周期：2s。

5）工作电压：3～6V。

（4）无线通信。为了更好地完成陆上—水下远程控制，试验样机的通信也是至关重要的，因此为方便与遥控端通信，选用如图 5.11 所示的 433MHz 全双工点对点传输的无线串口模块 E62-TTL-100。该模块具有调频扩频和 FEC 前向纠错功能。MCU 只需要按照正常串口协议使用，计算机通过 USB 转 TTL 模块配置和使用无线串口模块。样图如 5.11 所示，无线串口模块的详细参数如下：

1）外部尺寸：36mm×23mm×13mm。

2）平均重量：6.7g。

3）工作电压：2.1～5.5V。

4）接口类型：UART 串口，默认波特率 9600。

5）工作频段：433MHz（425～450MHz）。

6）发射功率：100mW。

7）空中速率：64kbps。

图 5.11　无线模块样图

8）通信距离：1000m。

（5）摄像头模块。摄像头的选型是一款观察级水下机器人的灵魂所在，是评价系统拍摄质量优劣的重要标准。摄像头主要完成水下图像的摄取，为了便于图像的观察，一般需要将摄像头安装在云台装置上，使其能够上下或左右观察。

摄像头考查的主要技术指标有重量、尺寸、照度、清晰度、视频信号输出方式。由于摄像头需要安装在云台上，因此尺寸不能太大。选用的摄像头 M327H16E3_L11 水平分辨率为1000 线，500 万像素，镜头为 3.6mm 广角 85度镜头，具有手动调焦功能，工作电压范围为3.3～5V，支持单声道音频输出，输出的音视频信号为模拟信号。其实物图如图 5.12 所示，参数见表 5.5。

图 5.12　M327H16E3_L11 摄像头

表 5.5　M327H16E3_L11 摄像头参数

序号	主要参数	参数值
1	传感器	SONY IMX327，1/2. 8" Progressive Scan CMOS 传感器
2	动态范围	>120dB
3	镜头	2.7-13.5m/2.8 12m/7-2m/5-50m 电动变信（可选）
4	视频分辨率	最大可支持 200 万像素
5	压缩标准	H. 265. H.264

续表

序号	主要参数	参数值
6	帧率	主码流：1920×1080，1～30 帧/秒 次码流 704×576，352×288，1～30 帧/秒 可定制 3 码流
7	码率	16kbps、20Mbps 可调，支持 CBR/VBR/定质量
8	信噪比	≥58dB
9	最低照度	彩色 0.01LuxF1.2，黑白 0.05LuxeF1.2，0Luxwith IR

该摄像头具有以下性能：

- 视频分辨率：1920×1080 视频压缩标准为 H. 265、H. 264。
- 二合一 DOL 宽动态，优异的宽动态性能。
- 镜头：2.7-13.5/6-22/5-50mm 自动聚焦，聚焦速度快且变倍平稳，变焦过程全程清晰。
- 支持 ONVIF 协议，国标 G28181 协议。
- 双码流，用户可选择码流并调节分辨率、帧率、视频质量。
- 支持数字 3D 降噪，图像更加清晰流畅。
- 支持移动侦测，移动侦测报警、邮件报警、客户端报警。
- 支持画面移动侦测，4 个侦测区域。
- 支持远程实时监控、网络用户管理。
- 支持网络时间同步，RTC 断电计时功能。
- 支持断电/意外故障后自动重启功能。
- 支持滤光片自动切换，实现昼夜监控；支持 POE 供电（可选）。
- 支持字符叠加，叠加位置及颜色可调。

5.1.3 试验模型控制系统设计

履带式水下清淤机器人作为自动化作业 ROV，其系统设计的关键环节是控制系统的设计。第 2 章到第 9 章介绍了控制系统算法的设计与方案，而控制系统需要具备数据通信、传感器数据采集和运动控制等功能，这就需要相关硬件进行连接配置，根据 5.1.2 节介绍的硬件配置与电路设计，将进行控制系统的试验样机设计，而水下机器人的姿态与深度控制直接影响机器人的稳定性能。要实现轨迹跟踪控制，需要知道当前的姿态与环境深度信息，进而通过相关控制算法控制推进器电机的转向和转速调整机器人的姿态与深度。因此，采用姿态传感器感知其自身的姿态信息，通过压力传感器采集的压力数据换算成深度从而感知自身的深度信息，相关控制算法对传感器数据进行分析处理，动态调整水下机器人的运动状态，实现水下机器人的运动控制。

从图 5.13 中可以看到，电源管理单元对整个系统供电，通过稳压电路输出合适的电压对各模块进行供电。系统采用双 MCU 控制方案，MCU 负责无线通信、传感器数据读取、数据融合、姿态与深度控制器计算、电机控制等任务。MCU 通过 UART 协议进行通信，并且提供了一个用于程序下载的 SWD（串行调试）接口。通过 MCU 任务分配大大降低了 MCU 的负担，提高了系统的实时性。通信采用无线数传模块，并将天线延长至水面，能够接收遥控器、上位机等无线遥控终端发来的操作命令，同时可以反馈自身采集的传感器数据。系统搭载了两枚照明灯、图传发射模块、高清摄像头，摄像头由图传发射模块间接提供电源，MCU 通过通用 I/O 口外接光耦继电器控制照明灯和图传发射模块的电源断开与闭合进而控制照明及图传系统的开关，将图传发射模块的天线延长至水面，计算机连接图传接收模块，通过图像上位机能够实时观察水下的拍摄画面。MCU 通过输出两路 PWM 信号对摄像头云台进行角度控制，MCU 输出 5 路 PWM 信号经过电机驱动分别对 5 个水下推机器的电机进行驱动和调速以实现水下机器人的水下运动以及姿态与深度调整。

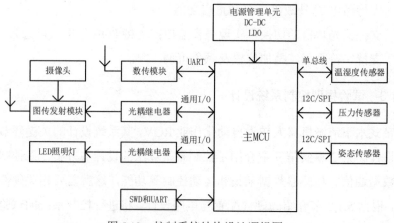

图 5.13   控制系统结构设计逻辑图

5.2 履带式水下清淤机器人样机

5.2.1 样机简介

履带式水下清淤机器人采用超小机身设计，配备防水电缆，能满足 50m 水深施工海况；在连续清淤方面，机器人搭载绞吸一体化机械臂，可实现 360°水下淤泥挖掘，提高施工连续性，对于复杂的底质挖掘问题，搭载集高压水射枪与渣浆泵一体的合金绞吸头，实现连续绞吸，达到清淤的施工要求；在水下动力方面，利用全液压动力装置，动力强劲，能够支持机器人向前推进，通过绞吸头污泥回收装置将污泥集中到吸污口，利用吸污泵将淤泥吸入，通过排污泵将其排出，行走在污泥中拉力大，经久耐用；在机器人智能控制方面，利用实验室智能控制先验知识，对水下机器人进行智能控制研究，能够实现水下施工智能化、数字化；在水下清淤施工的可视化方面，装有高清浑水网络摄像机，可全方位观测沉井内壁情况。

履带式水下清淤机器人样机如图 5.14 所示。

图 5.14　履带式水下清淤机器人样机图

履带式水下清淤机器人整体设计参数见表 5.6。

表 5.6　机器人整体设计参数

序号	参数类别	参数值
1	设计重量	13500kg
2	设计总功率	210kW
3	设计电压	380VAC
4	工作水深	150m
5	行走速度	0～6m/min
6	行走扭矩	0～6m/min
7	回转速度	1r/min
8	回转输出扭矩	34500N·m
9	爬坡能力	≤20°
10	额定工作压力	25MPa
11	驱动方式	液压
12	绞吸头转速	0～40r/min
13	绞吸头转扭	5000N·m

5.2.2　样机结构与工作原理

本书中所设计的机器人方案包括：液压绞吸头、机械臂、履带底盘、执行器、传感器。

1. 液压绞吸头

履带式水下清淤机器人液压绞吸头设计图如图 5.15 所示。其主要由固定支撑、吸污管、吸污过滤口、传动轴以及合金绞吸头 5 个部件构成，主要用于在前端将泥土破碎与松动，以便更好地将淤泥泵抽至岸上。绞吸头整体为液压马达驱动，前端吸污过滤口可防止过大直径的颗粒进入泵体，以免泵体堵塞，旋转部位有合金刀头，能够更好地将泥土破碎与松动，提高工作寿命。

履带式水下清淤机器人液压绞吸头样机如图 5.16 所示，相关参数见表 5.7。其采用液压绞龙头技术，有效解决了传统打桩机作业笨拙、推进慢的问题，并采用数控导轨控制绞龙头位移，解决了起重机拖曳打桩机时无法精确定位的问题，提高了执行单元的作业精度。

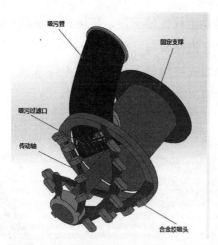

图 5.15　履带式水下清淤机器人绞吸头设计图

图 5.16　履带式水下清淤机器人液压绞吸头样机

表 5.7　液压绞吸头参数

序号	参数类别	参数值
1	转速	0～40r/min
2	转扭	5000N·m
3	直径	600mm
4	通过颗粒直径	≤80mm
5	驱动方式	液压马达

2. 机械臂

机械臂是指高精度、多输入多输出、高度非线性、强耦合的复杂系统。因其独特的操作灵活性，已在工业装配、安全防爆、机器人系统等领域得到广泛应用。

一般的机器人系统是由视觉传感器、机械臂系统及主控计算机组成的。其中机械臂系统又包括模块化机械臂和灵巧手两部分。

履带式水下清淤机器人机械臂示意图如图 5.17 和图 5.18 所示。其主要由支臂液压缸、气举接口、支臂以及液压绞吸头组成。

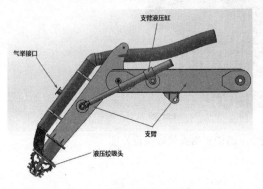 

图 5.17　机械臂示意图 1　　　　　　图 5.18　机械臂示意图 2

其中，支臂液压缸是将液压能转化为机械能的、做直线往复运动或摆动运动的液压执行元件。它结构简单、工作可靠。用它来实现往复运动时，可免去减速装置，并且没有传动间隙，运动平稳，因此在各种机械的液压系统中得到广泛应用。液压缸一般由缸筒、活塞和活塞杆、密封装置、缓冲装置与排气装置组成。

气举接口的作用是：高压气体喷出与泥浆混合，分散在排淤泥的管道内形成许多密度较小的气泡，这些气泡受到泥浆向上的浮力并带动泥浆（黏滞力）向上运动，并且在上升过程中压力降低、体积增大。因此在气液混合段下方形成负压，由该段下部的泥浆不断补充，沉渣在泥浆运动的带动下进入导管，随泥浆排出孔外，形成一个连续稳定的运动过程。

支臂具有支撑液压绞吸头并使其可以精准作业的功能，液压绞吸头可以将泥渣粉碎并输送到抽泥管中。

3. 履带底盘

履带底盘如图 5.19 所示，其主要包括回转支撑、钢制履带和行走液压减速机 3 个部分。履带底盘承载着整个机器人，负责机器人整体的行进功能，中间装置的回转支撑负责回转平台的轴向旋转和载荷。回转支撑装置角度传感器，能够实时将回转角度反馈至操作界面，让操作者在浑水作业时也能清晰地分辨机器人工况。

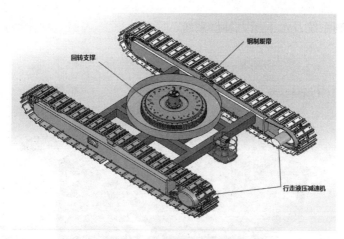

图 5.19　履带底盘示意图

　　行走液压减速机由输出轴、销套、销轴、针齿套、针齿销、输入轴、滚柱轴承、摆线轮、针齿壳等构成。其样图如图 5.20 所示，结构图如图 5.21 所示。其通过外壳传动，可直接与车轮或履带驱动轮相连接，工作可靠、效率高。其采用的是高承载圆锥滚子轴承设计，使其完全具备承载挖掘机在工作和转弯时所产生的轴向力和径向力。其特点是结构紧凑、外形美观、性能优越。

 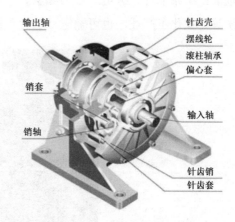

图 5.20　行走液压减速机样图　　　　图 5.21　行走液压减速机结构图

4. 执行器

　　大部分主要执行部件都安装在回转层，如图 5.22 所示。工作时这些执行部件都随着来回旋转，主要包括潜水渣浆泵、水下专用液压电动机、高低压电控仓、水下液压控制系统及水下压力补偿系统。

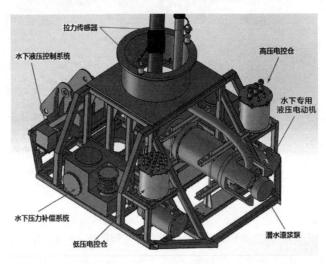

图 5.22　回转层示意图

（1）潜水渣浆泵。潜水渣浆泵（submersible pump）如图 5.23 所示，可广泛用于矿山、电力、冶金、煤炭、环保等行业输送有磨蚀性含固体颗粒的浆体。如冶金选矿厂矿浆输送、火电厂水力除灰、洗煤厂煤浆及重介输送、疏浚河道、河流清淤等。在化工产业，也可输送一些含有结晶的腐蚀性浆体。

图 5.23　潜水渣浆泵

除主页轮外，另在底部增加一套搅拌叶轮，能将沉淀的淤渣喷击成水和固体颗粒的混合液体，使水泵在没有辅助装置的情况下能够实现高浓度的输送。独特的密封装置能够有效平衡油室内外的压力，使得机械密封两端压力保持平衡，最大限度地保证了机械密封的可靠运行，大大延长了其使用寿命，电机可根据用户要求增加进水检测、过热等多种保护装置，使产品能在恶劣工况条件下长期安全运行。其相关参数见表 5.8。

表 5.8　潜水渣浆泵参数

序号	参数类别	参数值
1	流量	380m³/h
2	扬程	60m
3	工作深度	130m
4	功率	132kW
5	排污口径	200mm
6	过孔颗粒直径	70～80mm
7	重量	2000kg

（2）水下专用液压电动机。水下专用液压电动机如图 5.24 所示，水下液压专用电动机已经广泛应用在水下机器人产品上，工作深度可以定制，一般设计为 200m。

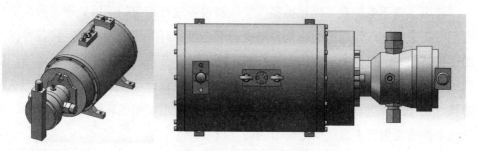

图 5.24　水下专用液压电动机

水下液压专用电动机具有以下特点，其参数见表 5.9。

表 5.9　水下专用液压电动机参数

序号	参数类别	参数值
1	功率	30kW
2	电压	380VAC
3	转速	1500r/min

序号	参数类别	参数值
4	工作深度	200m
5	额定工作压力	25MPa
6	材质	高强度锰钢
7	防腐	表面防腐喷涂处理

- 水下液压专用电动机做了水密处理，整个电机的机械部分可以在水中工作。水下液压专用电动机只占用了机器人内部很小的体积，这样大大增加了推进器有效容积。由于节省下来的内部空间可以用于安放仪器或电池，因此有助于提高机器人执行任务的能力和航程。

- 整个水下液压电动机可以后期安装，便于维护。推进系统可以作为整个机器人系统的一个模块，这样既节省了机器人的制造周期，也有较强的通用性。

（3）高低压电控仓。高低压电控仓是机器人系统重要的配电设备，发挥着电能控制、计量、分配等诸多功能。

使用了高压电控仓，经过机器人变压器设备进行相应的降压处理之后，再引出至低压电控仓，然后再引出到各用电的配电盘、开关箱、控制箱，将各种保护器件组装起来，包括电线、仪表、按钮、断路器、开关、指示灯、熔断器等，使其成为一个整体，从而确保配电装置能够切实满足设计功能要求。从电能产生及消耗，整个过程可以分为若干阶段，包括发电、变电、输电、配电及用电等。高低压电控仓是机器人系统变电环节的必要设备。

（4）水下液压控制系统。机器人水下液压控制系统的液压设备主要包括液压动力单元、水上脐带缆终端、脐带缆液压管线、水下脐带缆终端、液压飞线、水下控制模块、带液压执行机构的阀门等。

机器人水下液压控制系统采用了气液弹簧进行液压缸复位，减少了液压缸动作时所需的油量，减少了液压缸控制油管及其管接头的数量。采用专门定做的有纵向水密封功能的超五类线与有纵向水密封功能的插接件做成的通信电缆，并且使整条线缆的屏蔽线都要连接起来。动力电缆也采用专门定做有纵向水密封功能的多芯电缆线与有纵向水密封功能的插接件。为了确保系统的密封性能和工作可靠性，要尽量减少系统中的检测元件与连接接头的数量。

（5）水下压力补偿系统。水下机器人采用的是闭式主动压力补偿系统，如图 5.25 所示，水深压力传感器、输出压力传感器、低压腔压力传感器和高压腔压力腔传感器分别检测静水压力、系统输出压力（换能器内部压力）、低压腔压力和高压腔压力，电气控制器采集这 4 个压力值，并以此为控制输入，控制电气比例阀的动作，保证换能器内部压力和静水压力一致；控制空气压缩机的运行，使高压腔和低压腔的压力分别处于允许的压力范围内，保证压力补偿系统正常工作。相对于开式主动压力补偿系统，闭式主动压力补偿系统可以实现长时间连续循环使用。

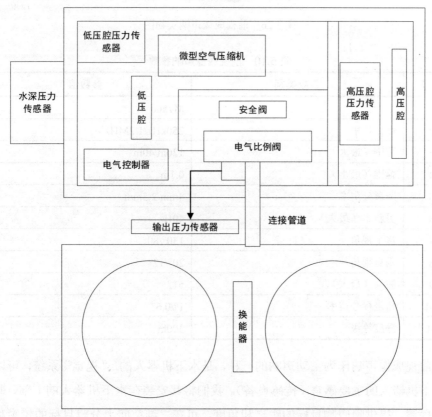

图 5.25　水下机器人闭式主动压力补偿系统

5. 传感器

（1）前视成像声呐。前视成像声呐是一种高分辨率水下成像设备，具有分辨率高、结构相对简单、体积小巧、成本可控的特点，在水下避障与航线规划、水下考古、水下矿产与能源勘探、海底电缆与管道的铺设与检修等诸多方面都有广泛的应用。其实物如图 5.26 所示，其参数见表 5.10。

图 5.26　前视成像声呐实物图

表 5.10　前视成像声呐参数

序号	参数类别	参数值
1	型号	M750d
2	操作频率	750kHz/1.2MHz
3	范围（最大）	120m/40m
4	范围（最小）	0.1m
5	距离分辨率	4mm/2.5mm
6	更新率（最大）	40Hz
7	水平视角	130°/80°
8	垂直视角	20°/12°
9	波束（最大）	512
10	角坐标分辨率	1°/0.6°
11	深度等级	300m

前视成像声呐作为主动声呐的一种，是水下机器人的"视觉"系统，可以看作水下机器人的主要感官（传感设备）。我们将其安装在水下机器人的上部，通过扫描探测，提供障碍物目标的距离和角度，可在二维空间上分辨目标的轮廓和位置，通过连续扫描探测，提供前方一定范围内的目标区域信息，用来探测水下机器人前方目标，经过进一步处理提取有效目标特征，对目标进行定位和识别，为后续水下机器人导航提供有效及准确的环境信息。

（2）避碰声呐。水下机器人在水下空间主要利用声呐设备进行探测感知等活动，其中避碰声呐是机器人水下进程避碰探测的主要声学手段，是确保机器人水下航行安全的重要保障。其实物图如图 5.27 所示，相关参数见表 5.11。

图 5.27　避碰声呐实物图

表 5.11　避碰声呐参数

序号	参数类别	参数值
1	型号	S08725
2	操作频率	700kHz
3	波宽	垂直 35°，水平 3°
4	最大范围	75m
5	最小范围	0.3m
6	距离分辨率	大约 7.5mm（最小）
7	机械分辨率	0.45°，0.9°，1.8
8	扫描区域	可达到 360°连续 360°
9	电力要求	12～48V DC　4VA（平均）
10	深度	标准 750m

避碰声呐对障碍物探测的主要性能由声呐参数决定，但同时会受到来自水面、海底混响、平台稳定性、声场扰动、声线弯曲等多种因素的影响。由于声呐探测的主波束覆盖范围是潜艇航行空间，但是主波束会受到来自界面回波的干扰，同时旁瓣方向的强回波也会引入干扰。因此，为最大概率地发现前方可能的障碍目标，同时尽量避免探测或者有效识别和剔除水面波浪、海底、船只尾流等非障碍物目标，避碰声呐需要能够发射和接收一个稳定、适合束宽、指向自适应的波束，

这是有效探测的重要基础。

（3）拉力传感器。机器人拉力传感器如图 5.28 所示，拉力传感器在工作时会在排污管和脐带缆上加装承重钢丝护套。钢丝护套与拉力传感器连接，其主要目的不是承重，而是防止在收放机器人时对排污管和电缆发生误操作的拖拽。

图 5.28　拉力传感器

水下机器人用 EVT-20G 拉力传感器相关参数见表 5.12。

表 5.12　EVT-20G 拉力传感器参数

序号	参数类型	参数值
1	输出灵敏度	1.0±5%mV/V
2	零点输出	±2%F.S
3	滞后	0.1%F.S
4	绝缘电阻	≥5000Ω
5	使用电压	5～10V
6	工作温度范围	−20～75℃
7	输入电阻	350±5Ω
8	安全超载	120%F.S.
9	温度灵敏度漂移	0.05%F.S./10℃
10	温度补偿范围	−10～60℃

在施工过程中，排污管和脐带缆大部分会没入水中，如果因为操作人员的疏忽，只顾及吊装钢缆的收放而忽略了脐带缆和排污管，这时拉力传感器就起到了至关重要的作用。当排污管和脐带缆被拉紧时，拉力传感器会将信号发送至操作台，操作台会发出警告以警示现场操作人员。

5.3　本章小结

本章主要分别对履带式水下清淤机器人的模型与样机进行详细介绍，对清淤机器人模型分别从模型结构特征、模型配置以及控制系统设计 3 方面来描述，模型适用模拟履带式水下清淤机器人控制试验，集视觉图传、上位机遥控、编程控制等功能于一体。然后从样机简介和样机结构及工作原理两方面来描述清淤机器人样机，证明了样机能够达到连续绞吸清淤的施工要求，可实现水下施工智能化、数字化。

第6章　履带式水下清淤机器人运动控制理论基础

本章主要根据履带式水下清淤机器人的运动控制难题，引出运动控制理论的基础，主要分为 Lyapunov 稳定性理论、Backstepping 控制方法设计思想以及 RBF 神经网络逼近原理，然后根据相关理论知识建立履带式水下清淤机器人运动数学模型。

6.1　Lyapunov 稳定性理论

在控制领域，所有控制律在设计的过程都需要进行稳定性分析，而目前最广泛使用的是 Lyapunov 稳定性理论。Lyapunov 稳定性理论也称 Lyapunov 法[213-216]，包括 Lyapunov 第一方法，也叫间接法，以及 Lyapunov 第二方法，也叫直接法。Lyapunov 第二方法[217-218]可以通俗地理解为从能量角度去分析系统的稳定性，这就使得它不必求解系统微分方程即可证明系统的稳定性。由于本书所研究的履带式水下清淤机器人轨迹跟踪控制属于非线性系统控制，应用 Lyapunov 第一方法求解系统的微分方程过于复杂，因此本书主要使用 Lyapunov 第二方法来进行控制律的设计及稳定性证明。

6.1.1　稳定性定义

为方便进行描述，这里使用非线性微分方程来表示非线性时变系统：

$$\dot{x} = f(x,t) \tag{6.1}$$

首先定义平衡点，在系统（6.1）中，如果存在某一点满足：$\forall t \geqslant t_0 : f(x^*,t) \equiv 0$，则 x^* 是系统的平衡点。

（1）Lyapunov 稳定性。在平衡点存在的情况下，若满足以下条件：$\forall t_0$，$\forall \varepsilon > 0$，$\exists \delta(t_0,\varepsilon) : \|x(t_0) - x^*\| < \delta(t_0,\varepsilon) \Rightarrow \forall t \geqslant t_0$，$\|x(t) - x^*\| < \varepsilon$。则称平衡点 x^* 在 Lyapunov 下是稳定的，为方便理解该条件，使用二维系统图 6.1 进行描述。

在图 6.1 中,大圆半径为 ε,小圆半径为 δ,根据 Lyapunov 稳定性的定义,对于给定的常数 δ 和 ε,存在着一个 x_0 点,为系统 x 的起始点。如果 $x_0(t)$ 小于 δ,也就是说该点在半径为 δ 的小圆以内的话,随着时间的增加, $x(t)$ 永远小于 ε,即 $x(t)$ 会永远在半径为 ε 的大圆中不会逃离出去,这就是 Lyapunov 稳定。

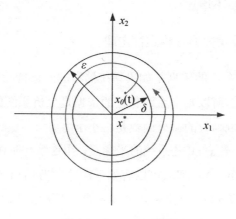

图 6.1　Lyapunov 稳定

(2)渐近稳定性。

若平衡点满足 $\exists \delta(t_0) > 0 : \|x(t_0) - x_e\| < \delta(t_0) \Rightarrow \lim_{t \to \infty} \|x(t) - x_e\| = 0$,则称点 x^* 是渐近稳定的平衡点,如图 6.2 所示。

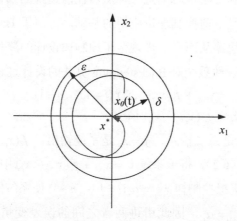

图 6.2　渐近稳定

在图 6.2 中,大圆半径为 ε,小圆半径为 δ,根据渐近稳定性的定义,对于给

定的常数 δ 和 ε，存在着一个 x_0 点，为系统 x 的起始点。如果 $x_0(t)$ 小于 δ，也就是说该点在半径为 δ 的小圆以内的话，随着时间的增加，$x(t)$ 会回到平衡点处。

综上，对于稳定性，可以给出一个通俗易理解的说法：一个系统，如果说它是稳定的，那么它离开了平衡点后的反应，或者它离开平衡点后的一个动态会随时间而衰减，或者至少不增加。

6.1.2   Lyapunov 第二方法稳定性定理

Lyapunov 稳定性分析的依据是如果系统储存的能量持续减少，那么可以称系统的状态会趋于稳定，所以判定系统稳定的依据是分析系统的能量函数是否随着时间减小，也就是能量函数的微分函数是否小于零。

针对系统（6.1），若 $x=0$ 是系统的平衡点，用连续一阶函数 $V(x)$ 来表示系统 x 的能量函数，且 $V(0)=0$，那么可以有如下结论：当 $V(x)$ 为正定函数，$\dot{V}(x)$ 为半负定函数时，可以得到 $x=0$ 是系统的稳定点；当 $V(x)$ 为正定函数，$\dot{V}(x)$ 为负定函数时，可以得到 $x=0$ 为渐近稳定点。

6.2   Backstepping 控制方法设计思想

Backstepping 控制方法本质上是一种从后往前递推的设计方法，在非线性系统控制中应用广泛，是目前控制理论应用的基础，得益于 Backstepping 控制方法的系统化结构化设计思路从而进一步规范了控制律设计的流程。

这里采用一个非线性系统对 Backstepping 算法的设计过程进行演示：

$$\begin{cases} \dot{x}_i = x_{i+1} + f_i(x_1,\cdots,x_i)\ (i=1,\cdots,n-1) \\ \dot{x}_n = f_n(x_1,\cdots,x_n)+u \end{cases} \tag{6.2}$$

式中，$x \in R^n$ 和 $u \in R$ 是系统输入，$y=x_n$ 是系统输出，$f_i(x_1,\cdots,x_i)$ 为系统中的非线性函数。针对系统（6.2），将子系统 $\dot{x}_i = x_{i+1} + f_i(x_1,\cdots,x_i)$ 中的 x_{i+1} 作为虚拟控制量，通过设计合适的虚拟控制律 $x_{i+1}=\alpha_i(i=1,\cdots,n-1)$ 使系统的控制过程达到渐近稳定。一般情况下 $x_{i+1} \neq \alpha_i$，因此引进两者之间的误差变量 $z_i(i=1,\cdots,n)$，所以 Backstepping 算法设计过程可以理解为信号 α_i 趋向于信号 x_{i+1} 的过程，或误差 z_i 的镇定过程。定义如下 n 个误差变量：

$$\begin{cases} z_1 = x_1 \\ z_2 = x_2 - \alpha_1(x_1) \\ \quad\vdots \\ z_n = x_n - \alpha_{n-1}(x_1, \cdots, x_{n-1}) \end{cases} \tag{6.3}$$

式中，$\alpha_i (i = 1, \cdots, n-1)$ 为虚拟反馈控制量，因此，为镇定原系统，只需要通过设计合理的虚拟反馈控制量来镇定 z_i。

第 1 步：将系统 z_1 求导得

$$\dot{z}_1 = \dot{x}_1 = x_2 + f_1(x_1) = -z_1 + x_1 + x_2 + f_1(x_1) \tag{6.4}$$

选取 Lyapunov 函数 $V_1 = \dfrac{1}{2} z_1^2$，设计 $\alpha_1(x_1) \triangleq \tilde{\alpha}_1(z_1) - \tilde{f}_1(z_1)$，另外，设计 $\tilde{f}_2(x_1, x_2) \triangleq f_2(x_1, x_2) - \dot{\alpha}_1(x_1)$，可得

$$\begin{cases} \dot{z}_1 = -z_1 + z_2 \\ \dot{z}_2 = \dot{x}_2 - \dot{\alpha}_1(x_1) = x_3 + f_2(x_1, x_2) - \dot{\alpha}_1(x_1) \triangleq x_3 + \tilde{f}_2(x_1, x_2) \\ \dot{V}_1 = -z_1^2 + z_1 z_2 \end{cases} \tag{6.5}$$

当 $z_2 = 0$ 时，可知 z_1 渐近稳定。基于此，接下来需要通过设计 $\alpha_2(x_1, x_2)$ 来使 $z_2 = x_2 - \alpha_1(x_1)$ 符合渐近稳定的特性。

第 2 步：选取 Lyapunov 函数 $V_2 = \dfrac{1}{2} z_2^2 + V_1$，设计 $\alpha_2(x_1, x_2) \triangleq \tilde{\alpha}_2(z_1, z_2) = -z_1 - z_2 - \tilde{f}_2(z_1, z_2)$，另外，设计 $\tilde{f}_3(x_1, x_2, x_3) \triangleq f_3(x_1, x_2, x_3) - \dot{\alpha}_2(x_1, x_2)$，可得

$$\begin{cases} \dot{z}_2 = x_3 + \tilde{f}_2(x_1, x_2) = z_3 + \alpha_2(x_1, x_2) + \tilde{f}_2(x_1, x_2) \\ \quad \triangleq z_3 + \tilde{\alpha}_2(z_1, z_2) + \tilde{f}_2(z_1, z_2) = -z_1 - z_2 + z_3 \\ \dot{z}_3 = x_4 + f_3(x_1, x_2, x_3) - \dot{\alpha}_2(x_1, x_2) \triangleq x_4 + \tilde{f}_3(x_1, x_2, x_3) \\ \dot{V}_2 = -z_1^2 - z_2^2 + z_2 z_3 \end{cases} \tag{6.6}$$

由系统（6.6）可知，当 $z_3 = 0$ 时，z_1、z_2 渐近稳定。基于此，接下来需要通过设计 $\alpha_3(x_1, x_2, x_3)$ 来使 $z_3 = x_3 - \alpha_2(x_1, x_2)$ 符合渐近稳定的特性。

第 i 步：定义 Lyapunov 函数 V_i 及虚拟控制律 $\alpha_i(x_1, \cdots, x_i)$：

$$V_i = V_{i-1} + \frac{1}{2} z_i^2 \tag{6.7}$$

$$\alpha_i(x_1, \cdots, x_i) \triangleq \tilde{\alpha}_i(z_1, \cdots, z_i) = -z_{i-1} - z_i - \tilde{f}_i(z_1, \cdots, z_i) \tag{6.8}$$

$$\begin{cases} \dot{z}_i = \dot{x}_i - \dot{\alpha}_{i-1}(x_1, \cdots, x_{i-1}) = x_{i+1} + f_i(x_1, \cdots, x_i) - \dot{\alpha}_{i-1}(x_1, \cdots, x_{i-1}) \\ \quad \triangleq x_{i+1} + \tilde{f}_i(x_1, \cdots, x_i) = z_{i+1} + \alpha_i(x_1, \cdots, x_i) + \tilde{f}_i(x_1, \cdots, x_i) \\ \quad \triangleq z_{i+1} + \tilde{\alpha}_i(z_1, \cdots, z_i) + \tilde{f}_i(z_1, \cdots, z_i) = -z_{i-1} - z_i + z_{i+1} \\ \dot{V}_i = \dot{V}_{i-1} + z_i \dot{z}_i = -(z_1^2 + \cdots + z_{i-1}^2) + z_{i-1} z_i + z_i \dot{z}_i \\ \quad = -(z_1^2 + \cdots + z_i^2) + z_i z_{i+1} \end{cases} \tag{6.9}$$

因此，在最终一步可以得

$$\begin{cases} \dot{z}_n = \dot{x}_n - \alpha_{n-1}(x_1, \cdots, x_{n-1}) \\ \quad = u + f_n(x_1, \cdots, x_n) - \dot{\alpha}_{n-1}(x_1, \cdots, x_{n-1}) \\ \quad \triangleq u + \tilde{f}_n(x_1, \cdots, x_n) \\ \quad \triangleq u + \tilde{f}_n(z_1, \cdots, z_n) \\ \dot{V}_n = \dot{V}_{n-1} + z_n \dot{z}_n \\ \quad = -(z_1^2 + \cdots + z_{n-1}^2) + z_{n-1} z_n + z_n \dot{z}_n \end{cases} \tag{6.10}$$

设计系统控制输入为

$$u = \tilde{\alpha}_n(z_1, \cdots, z_n) = -z_{n-1} - z_n - \tilde{f}_n(z_1, \cdots, z_n) \tag{6.11}$$

由式（6.9）式（6.10）可得

$$\begin{cases} \dot{z}_n = -z_n - z_{n-1} \\ \dot{V}_n = -(z_1^2 + \cdots + z_{n-1}^2 + z_n^2) \end{cases} \tag{6.12}$$

以上为 Backstepping 控制方法的设计思路。

6.3 RBF 神经网络逼近原理

在控制领域中应用 RBF 神经网络时，通常以 RBF 函数作为隐含层，主要功能是将低维度空间输入的向量转换为高维度空间的向量。假设用 $W^{*\mathrm{T}} S(x)$ 来表示未知的平滑函数向量，其中 $x \in \Omega \subset R^n$ 是神经网络的输入。根据文献[219]可知，如果设计足够多的神经网络节点，那么任何一个光滑连续函数（6.13）都可以被 $W^{*\mathrm{T}} S(x)$ 去逼近，且逼近的精度与节点数正相关。

$$F(x) = W^{\mathrm{T}} S(x) \tag{6.13}$$

式中，$F(x): R^n \to R$；$W = [w_1, w_2, \cdots, w_l]^{\mathrm{T}} \in R^l$；$l > 1$ 为神经网络节点。$S(x) = [s_1(x), s_2(x), \cdots, s_l(x)]^{\mathrm{T}} \in R^l$ 为神经网络的基函数向量，通常情况下，以高斯

函数来表示基函数 $S_i(x)(i=1,2,\cdots,n)$

$$s_i(x) = \exp\left(-\frac{(x-\gamma_i)^{\mathrm{T}}(x-\gamma_i)}{\eta_i^2}\right) \tag{6.14}$$

式中，$\gamma_i = [\gamma_{i1}, \gamma_{i2}, \cdots, \gamma_{il}]^{\mathrm{T}}$ 为函数的中心值；η_i 为高斯函数宽度。

根据文献[220]有如下引理：

引理 6.1：任何一个定义在紧集 $\Omega \subset R^n$ 的非线性函数 $h(x)$，都可以用 RBF 神经网络 $W^{*\mathrm{T}}S(x)$ 来估计：

$$h(x) = W^{*\mathrm{T}}S(x) + \varepsilon \tag{6.15}$$

式中，ε 为逼近误差，且满足 $|\varepsilon| \leqslant \varepsilon^*$，$\varepsilon^*$ 为一个正常数；W^* 为估计权值，在控制律设计的过程中作为未知向量进行估计。

在后续的控制律设计中，通常设置适当的 η_i 来保证 $S(x)$ 映射的有效性，并且通过 Lyapunov 第二方法对权重 W^* 进行设计。

假设 6.1：用于逼近未知向量的 RBF 神经网络权重 W^* 有界，也就是存在正的常数 W_M，使 $\|W^*\| \leqslant W_M$。

6.4 自适应反步设计

当非线性系统中含有不确定参数时，可将自适应控制引入反步法中，通过对这些参数进行自适应估计，实现鲁棒控制器的设计，这种设计方法称为自适应反步设计法。

考虑如下二阶参数化非线性系统：

$$\dot{x}_1 = x_2 + \theta\varphi(x_1) \tag{6.16}$$

$$\dot{x}_2 = u \tag{6.17}$$

式中，$\theta \in R$ 为未知常参数；$\varphi(x_1)$ 为已知的光滑非线性函数；x_1、$x_2 \in R$ 为系统状态；$u \in R$ 为系统输入。控制器设计的目标是：在常参数 θ 未知时，解决状态 x_1 的调节问题，即对于任意未知的常参数 θ 和任意的初始状态 $x_1(0)$、$x_2(0)$，随着时间 $t \to \infty$，$x_1(t) \to 0$。由于上述系统的唯一平衡点为 $(x_1, x_2) = (0, -\theta\varphi(0))$，因此控制目标其实是在未知参数为 θ 时保证这个平衡点是全局一致渐近稳定的。为实现这一目标，基于自适应反步法的鲁棒控制器设计过程如下：

步骤 1：定义误差变量 $z_1 = x_1$。将 x_2 当成控制输入，设计虚拟控制律 α_1 满足

$$\alpha_1(x_1, \theta_1) = -c_1 z_1 - \theta_1 \varphi(x_1) \tag{6.18}$$

式中，c_1 为待设计的正控制参数；θ_1 为自适应参数，是对未知常参数 θ 的估计。定义误差变量 $z_2 = x_2 - \alpha_1(x_1, \theta_1)$，计算误差变量 z_1 关于时间的导数，代入式（6.18），得

$$\dot{z}_1 = -c_1 z_1 + z_2 + (\theta - \theta_1)(x_1) \tag{6.19}$$

考虑候选 Lyapunov 函数 $V_1 = \dfrac{1}{2} z_1^2 + \dfrac{1}{2\gamma}(\theta - \theta_1)^2$，其中，$\gamma$ 为自适应增益。计算 V_1 关于时间的导数并代入式（6.19），得

$$\dot{V}_1 = z_1 z_2 - c_1 z_1^2 + (\theta - \theta_1)\varphi(x_1)z_1 - \frac{1}{\gamma}(\theta - \theta_1)\dot{\theta}_1 \tag{6.20}$$

将自适应参数 θ_1 的更新律设计为

$$\dot{\theta}_1 = \gamma \varphi(x_1) z_1 \tag{6.21}$$

将式（6.21）代入式（6.20），则式（6.20）可转化为

$$\dot{V}_1 = z_1 z_2 - c_1 z_1^2 \tag{6.22}$$

步骤 2：考察系统动力学（6.17），计算误差变量 z_2 关于时间的导数，并代入式（6.16）和式（6.21），得

$$\dot{z}_2 = \dot{x}_2 - \frac{\partial \alpha_1}{\partial x_1}\dot{x}_1 - \frac{\partial \alpha_1}{\partial \theta_1}\dot{\theta}_1 = u - \frac{\partial \alpha_1}{\partial x_1} x_2 - \frac{\partial \alpha_1}{\partial \theta_1}\gamma\varphi(x_1)z_1 - \theta\frac{\partial \alpha_1}{\partial x_1}\varphi(x_1) \tag{6.23}$$

设计控制输入 u，其具体形式为

$$u = -z_1 - c_2 z_2 + \frac{\partial \alpha_1}{\partial x_1} x_2 + \frac{\partial \alpha_1}{\partial \theta_1}\gamma\varphi(x_1)z_1 + \theta_2\frac{\partial \alpha_1}{\partial x_1}\varphi(x_1) \tag{6.24}$$

式中，c_2 为待设计的正控制参数。选取 Lyapunov 函数 $V_2 = V_1 + \dfrac{1}{2} z_2^2 + \dfrac{1}{2\gamma}(\theta - \theta_2)^2$，计算 V_2 关于时间的导数，并代入式（6.22）～式（6.24），得

$$\dot{V}_2 = -c_1 z_1^2 - c_2 z_2^2 - (\theta - \theta_2)(\frac{\partial \alpha_1}{\partial x_1}\varphi(x_1)z_2 + \frac{1}{\gamma}\dot{\theta}_2) \tag{6.25}$$

将自适应参数 θ_2 的更新律设计为

$$\dot{\theta}_2 = -\gamma \frac{\partial \alpha_1}{\partial x_1}\varphi(x_1)z_2 \tag{6.26}$$

将式（6.26）代入式（6.25），则式（6.25）可化为

$$\dot{V}_2 = -c_1 z_1^2 - c_2 z_2^2 \tag{6.27}$$

二阶参数化非线性系统（6.16）、（6.17）的平衡点 $(z_1, z_2) = (0,0)$ 是全局一致渐近稳定的，即平衡点 $(x_1, x_2) = (0, -\theta\varphi(0))$ 是全局一致渐近稳定的，于是控制目标达成。

6.5 滑动模态的定义及数学表达

一般情况下，在系统

$$\dot{x} = f(x) \quad x \in R^n \tag{6.28}$$

的状态空间中，有一个切换面 $s(x) = s(x_1, x_2, \cdots, x_n) = 0$，它将状态空间分成上下两部分 $s > 0$ 和 $s < 0$。在此切换面上的运动点有如下 3 种情况：

（1）通常点——系统运动点运动到切换面 $s = 0$ 附近时，穿越此点而过。

（2）起始点——系统运动点到达切换面 $s = 0$ 附近时，从切换面的两边离开该点。

（3）终止点——系统运动点到达切换面 $s = 0$ 附近时，从切换面的两边趋向于该点。

在滑动模态控制中，这 3 种运动点只有终止点有着特殊的意义。这是因为只有当切换面上某一区域内所有的运动点都是终止点时，运动点才有可能在趋近于这个区域的时候被"吸引"到其上运动。这样就定义了"滑动模态"区：在切换面上所有的运动点都是终止点的区域，简称"滑模"区。"滑模运动"是指系统在滑模区中的运动。

因为运动点都是终止点的区域才能称为滑动模态区，所以对于切换面 $s = 0$ 附近的运动点，必有

$$\lim_{s \to 0^+} \dot{s} \leqslant 0, \quad \lim_{s \to 0^-} \dot{s} \geqslant 0 \tag{6.29}$$

或

$$\lim_{s \to 0^+} \dot{s} \leqslant 0 \leqslant \lim_{s \to 0^-} \dot{s} \tag{6.30}$$

式（6.31）是式（6.30）的等价形式：

$$\lim_{s \to 0} s\dot{s} \leqslant 0 \tag{6.31}$$

式（6.31）对系统提出了一个形如式（6.32）的 Lyapunov 函数的必要条件：

$$v(x_1, x_2, \cdots, x_n) = \left[s(x_1, x_2, \cdots, x_n) \right]^2 \tag{6.32}$$

因为式（6.32）在切换面的邻域内是正定的，而根据式（6.31）可知 s^2 的导数是半负定的，即 v 在 $s = 0$ 附近是一个非增函数，所以如果系统满足不等式（6.31），则式（6.32）表示的这个 Lyapunov 函数就是系统的一个条件 Lyapunov 函数。因而系统本身在条件 $s = 0$ 下就是稳定的。

6.6　履带式水下清淤机器人运动数学模型

1. 履带式水下清淤机器人运动学模型建模

履带式水下清淤机器人属于典型的非完整约束运动体，参照履带式水下清淤机器人的实际构造，不难发现因其回转层携带诸多设备，如机械臂、渣浆泵等，导致机器人质量中心并不在几何中心上，因此，履带式水下清淤机器人是一类质心与几何中心不重合的非完整约束运动体，基于此来分析履带式水下清淤机器人的运动学模型。履带式清淤机器人几何模型如图 6.3 所示，建立移动机器人模型的全局坐标系 XOY 和局部坐标系 xoy。在全局坐标系 XOY 内，设履带式水下清淤机器人的广义位姿坐标为 $q = [x \quad y \quad \theta]^{\mathrm{T}}$；驱动轮几何半径为 r；两驱动轮间距为 $2b$；机器人前进方向与 X 轴的夹角为 θ；机器人两驱动轮连线的中心点为 C 点，在全局坐标系中坐标为 (x, y)，机器人的质心为 M 点，在全局坐标系中坐标为 (x_M, y_M)，M 点和 C 点之间的距离为 d。

设履带式水下清淤机器人质心 M 点的运动速度为 v_M，方向与履带垂直，由图 6.3 可得

$$\dot{x}_M = v_M \cos\theta \tag{6.33}$$

$$\dot{y}_M = v_M \sin\theta \tag{6.34}$$

由式（6.33）和式（6.34）得

$$\dot{x}_M \sin\theta - \dot{y}_M \cos\theta = 0 \tag{6.35}$$

由图 6.3 可知，M 和 C 的几何关系为

$$x = x_M - d\cos\theta \tag{6.36}$$

$$y = y_M - d\sin\theta \tag{6.37}$$

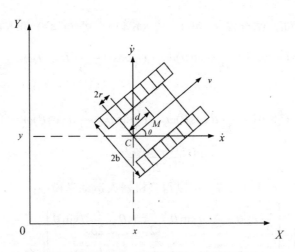

图 6.3　履带式水下清淤机器人几何模型图

对式（6.36）和式（6.37）求导得

$$\dot{x} = \dot{x}_M + d\dot{\theta}\sin\theta \tag{6.38}$$

$$\dot{y} = \dot{y}_M - d\dot{\theta}\cos\theta \tag{6.39}$$

将 $\dot{x}_M$ 和 $\dot{y}_M$ 分别代入式（6.38）和式（6.39）整理得

$$\dot{x}\sin\theta - \dot{y}\cos\theta - d\dot{\theta} = 0 \tag{6.40}$$

由式（6.40）可得履带式水下清淤机器人运动学的约束方程，改写为 $A(q)\dot{q}=0$ 的形式，得

$$A(q)\dot{q} = \dot{x}\sin\theta - \dot{y}\cos\theta - d\dot{\theta} = \begin{bmatrix} \sin\theta & -\cos\theta & -d \end{bmatrix}\begin{bmatrix} \dot{x} & \dot{y} & \dot{\theta} \end{bmatrix}^{\mathrm{T}} = 0 \tag{6.41}$$

式中，约束矩阵为 $A(q) = \begin{bmatrix} \sin\theta & -\cos\theta & -d \end{bmatrix}$。

由图 6.3 可知，C 的线速度 v 和角速度 ω 与左右驱动轮的角速度 ω_L 和 ω_R 有如下关系

$$v = \frac{r}{2}(\omega_R + \omega_L) \tag{6.42}$$

$$\omega = \frac{r(\omega_R - \omega_L)}{2b} \tag{6.43}$$

以矩阵形式可表示为

$$\begin{bmatrix} \omega_R \\ \omega_L \end{bmatrix} = \begin{bmatrix} \dfrac{1}{r} & \dfrac{b}{r} \\ \dfrac{1}{r} & -\dfrac{b}{r} \end{bmatrix}\begin{bmatrix} v \\ \omega \end{bmatrix} \tag{6.44}$$

由图 6.3 可知，结合式（6.40）、式（6.42）、式（6.43）和（6.44）得

$$\dot{x} = (\frac{r}{2}\cos\theta + \frac{r}{2b}d\sin\theta)\omega_R + (\frac{r}{2}\cos\theta - \frac{r}{2b}d\sin\theta)\omega_L \qquad (6.45)$$

同理，得

$$\dot{y} = (\frac{r}{2}\sin\theta - \frac{r}{2b}d\cos\theta)\omega_R + (\frac{r}{2}\sin\theta + \frac{r}{2b}d\cos\theta)\omega_L \qquad (6.46)$$

$$\dot{\theta} = \frac{r(\omega_R - \omega_L)}{2b} \qquad (6.47)$$

由式（6.45）～式（6.47）可以得到机器人运动学模型：

$$\begin{bmatrix} \dot{x} \\ \dot{y} \\ \dot{\theta} \end{bmatrix} = \begin{bmatrix} \frac{r}{2}\cos\theta + \frac{r}{2b}d\sin\theta & \frac{r}{2}\cos\theta - \frac{r}{2b}d\sin\theta \\ \frac{r}{2}\sin\theta - \frac{r}{2b}d\cos\theta & \frac{r}{2}\sin\theta + \frac{r}{2b}d\cos\theta \\ \frac{r}{2b} & -\frac{r}{2b} \end{bmatrix} \begin{bmatrix} \omega_R \\ \omega_L \end{bmatrix} \qquad (6.48)$$

将式（6.44）代入式（6.48）中，可得

$$\dot{q} = \begin{bmatrix} \dot{x} \\ \dot{y} \\ \dot{\theta} \end{bmatrix} = S(q)u = S(q)\begin{bmatrix} v \\ \omega \end{bmatrix} = \begin{bmatrix} \cos\theta & d\sin\theta \\ \sin\theta & -d\cos\theta \\ 0 & 1 \end{bmatrix}\begin{bmatrix} v \\ \omega \end{bmatrix} \qquad (6.49)$$

式中，$u = \begin{bmatrix} v & \omega \end{bmatrix}^T$ 为机器人输入，即广义速度向量；$S(q) = \begin{bmatrix} \cos\theta & d\sin\theta \\ \sin\theta & -d\cos\theta \\ 0 & 1 \end{bmatrix}$ 为变

换矩阵。

2. 履带式水下清淤机器人动力学模型建模

若仅考虑履带式水下清淤机器人运动学模型进行轨迹跟踪控制，是将移动机器人本身在世界坐标系中看作一个质点处理。但在实际的轨迹跟踪实践中，必须考虑系统动力学特性对系统自身受控时带来的影响，因此在进行移动机器人运动控制建模时需要考虑比较复杂的动力学模型，这样构建的全局运动数学模型才更具有研究意义，基于全局运动数学模型的控制律设计也具有普遍性与客观性，更贴合实际工程。

根据文献[221]可知履带式水下清淤机器人属于典型的非完整约束运动体，可以将其简化为轮式机器人来进行动力学模型建模。利用非完整约束拉格朗日法可

得如下动力学方程：

$$M(q)\ddot{q} + C(q,\dot{q})\dot{q} + \bar{F}(\dot{q}) + G(q) = B(q)\tau - A^{\mathrm{T}}(q)\lambda - \tau_d \qquad (6.50)$$

式中，$M(q) = \begin{bmatrix} m & 0 & -md\sin\theta \\ 0 & m & md\cos\theta \\ -md\sin\theta & md\cos\theta & md^2 + J \end{bmatrix}$ 为系统正定惯性矩阵，m 表示机

器人的质量，J 表示机器人的转动惯量；$C(q,\dot{q}) = \begin{bmatrix} 0 & 0 & -md\dot{\theta}\cos\theta \\ 0 & 0 & -md\dot{\theta}\sin\theta \\ 0 & 0 & 0 \end{bmatrix}$ 为系统的离

心力和哥氏力矩阵；$\bar{F}(\dot{q})$ 是系统摩擦力矩阵；$G(q)$ 是系统的重力项；τ_d 是系统

外部有界扰动项；$B(q) = \dfrac{1}{r}\begin{bmatrix} 1 & 1 \\ b & -b \end{bmatrix}$ 是驱动力矩变换矩阵；$\tau = \begin{bmatrix} \tau_1 & \tau_2 \end{bmatrix}^{\mathrm{T}}$ 是作用在

履带式水下清淤机器人上的驱动力矩向量；$A^{\mathrm{T}}(q) = \begin{bmatrix} \sin\theta & -\cos\theta & -d \end{bmatrix}^{\mathrm{T}}$ 为约束矩

阵；$\lambda = -m(\dot{x}\cos\theta + \dot{y}\sin\theta)\dot{\theta}$ 为 Lagrange 乘子。

当履带式水下清淤机器人在平面运动时，可忽略系统的重力项 $G(q)$，则履带
式水下清淤机器人动力学方程可简化为

$$M(q)\ddot{q} + C(q,\dot{q})\dot{q} + \bar{F}(\dot{q}) = B(q)\tau - A^{\mathrm{T}}(q)\lambda - \tau_d \qquad (6.51)$$

由文献[222]可知，矩阵 $S(q)$ 是以非完整移动机器人系统约束矩阵 $A(q)$ 零空
间中互不相关基底向量作为特征向量构成的满秩矩阵，则矩阵 $S(q)$ 与系统约束矩
阵 $A(q)$ 满足 $S^{\mathrm{T}}(q)A^{\mathrm{T}}(q) = 0$。

将 $\ddot{q}$ 代入动力学方程中，左乘 $S^{\mathrm{T}}(q)$ 消去 $A^{\mathrm{T}}(q)$ 得

$$\begin{aligned} &S^{\mathrm{T}}(q)M(q)S(q)\dot{u} + S^{\mathrm{T}}(q)[M(q)\dot{S}(q) + C(q,\dot{q})S(q)]u + S^{\mathrm{T}}(q)\bar{F}(\dot{q}) \\ &= S^{\mathrm{T}}(q)B(q)\tau - S^{\mathrm{T}}(q)\tau_d \end{aligned} \qquad (6.52)$$

经计算可得

$$S^{\mathrm{T}}(q)M(q)S(q) = \begin{bmatrix} m & 0 \\ 0 & J \end{bmatrix} \qquad (6.53)$$

$$S^{\mathrm{T}}(q)B(q) = \frac{1}{r}\begin{bmatrix} 1 & 1 \\ b & -b \end{bmatrix} \qquad (6.54)$$

$$M(q)\dot{S}(q)=\begin{bmatrix} -m\sin\theta\dot{\theta} & md\cos\theta\dot{\theta} \\ m\cos\theta\dot{\theta} & md\sin\theta\dot{\theta} \\ md\dot{\theta} & 0 \end{bmatrix} \tag{6.55}$$

$$C(q,\dot{q})S(q)=\begin{bmatrix} 0 & -md\cos\theta\dot{\theta} \\ 0 & -md\sin\theta\dot{\theta} \\ 0 & 0 \end{bmatrix} \tag{6.56}$$

$$S^{\mathrm{T}}(q)[M(q)\dot{S}(q)+C(q,\dot{q})S(q)]=\begin{bmatrix} 0 & 0 \\ 0 & 0 \end{bmatrix} \tag{6.57}$$

令 $\bar{M}(q)=S^{\mathrm{T}}(q)M(q)S(q)$ ， $\bar{C}(q,q)=S^{\mathrm{T}}(q)[M(q)\dot{S}(q)+C(q,q)S(q)]$ ， $\bar{\tau}_d = S^{\mathrm{T}}(q)\tau_d$ ， $\bar{B}(q)=S^{\mathrm{T}}(q)B(q)$ ，则非完整移动机器人的全局运动数学模型可表示为

$$\dot{q}=S(q)u \tag{6.58}$$

$$\bar{M}(q)\dot{u}=S^{\mathrm{T}}(q)\bar{F}(\dot{q})+\bar{B}(q)\tau-\bar{\tau}_d \tag{6.59}$$

6.7　本章小结

本章主要介绍履带式水下清淤机器人的运动控制理论基础，分为 Lyapunov 稳定性理论、Backstepping 控制方法设计思想以及 RBF 神经网络逼近原理 3 个方面，然后根据相关理论建立了履带式水下清淤机器人运动数学模型，为第 7～12 章的履带式水下清淤机器人的轨迹跟踪控制方案建立基础模型。

第7章　基于 Backstepping 的水下清淤机器人轨迹跟踪控制

为提高沉井除淤泥技术和效率，降低作业成本，本章提出履带式水下清淤机器人清淤方案进行轨迹跟踪控制研究。履带式机器人属于典型非完整约束运动体，在非完整约束系统轨迹跟踪控制方面有许多学者进行了研究。

文献[223-225]提出的滑模控制算法，具有响应快、良好的瞬态性能和鲁棒性，广泛应用于轨迹跟踪控制，但系统内部易出现抖振问题，降低了控制精度。文献[226]提出了模糊控制，设计了微调控制器，虽然在轨迹跟踪上具有较高稳定性，但模糊控制的隶属度函数和控制规则是依据专家经验建立的，存在客观因素，且在控制过程中不可及时修正，直接影响控制的结果。神经网络控制技术也在移动机器人的轨迹跟踪问题上得以运用。在文献[227-229]中，神经网络需要在线或离线学习，占用大量系统资源，轨迹跟踪控制的实时性难以保证。韩俊等[230]设计了机器人滑模控制器并结合有限时间理论，给出了考虑运动受限时的控制率修正表达式，分析了运动受限和不考虑运动受限的两种情况，控制精度较高，但设计过程较复杂。卞永明等[231-232]在 Lyapunov 稳定性理论的基础上，提出了一种状态反馈控制率，虽然保证了稳定性，但实际轨迹跟踪期望轨迹需要较长时间。上述研究成果均假设移动机器人的质心和几何中心重合，即满足理想约束条件的标准移动机器人。而对于约束非理想情况下的移动机器人，由于误差动态方程的变化，其结果就不适用。

针对上述问题，本章首先建立了质心和几何中心不重合的履带式水下清淤机器人的动力学模型，设计非线性 Backstepping 控制器，通过 Lyapunov 方程证明了所设计控制器的稳定性，设计流程如图 7.1 所示。

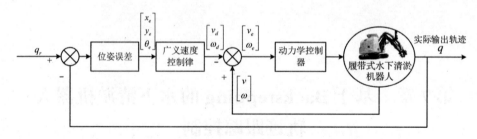

图 7.1 基于 Backstepping 的轨迹跟踪控制器

7.1 问题描述

机器人动力学模型的推导对运动仿真、机器人结构分析和控制算法设计都具有重要作用。对机器人运动仿真可以在无须采用真实物理系统的条件下,实现对控制策略和运动规划技术的测试。动力学模型分析有助于机器人原型的构造设计。计算典型运动实现所需的力与力矩,将为关节、传动装置和执行器设计提供有用信息。

鉴于自主干预方面的潜能,移动机器人(mobile robots)在高级应用领域变得日益重要。本章讨论移动机器人的建模、控制技术和方法,首先分析轮转动时所产生的运动学约束的结构;表明这些约束通常是非完整的,并因此缩小了机器人的局部移动性。通过介绍与约束相联系的运动学模型来描述机器人的瞬时运动,给出了递推表示的条件,从而得出了表征可行运动和作用于机器人各自由度上广义力间关系的动力学模型。通过对机器人运动学模型的特性,特别是平稳输出特性加以研究来设计轨迹规划方法,此方法可确保满足非完整约束,对最短时间轨迹(minimumtime trajectories)的结构也进行了分析。然后结合机器人运动中的基本任务,即轨迹跟踪(trajectory tracking)和对移动机器人的运动控制问题做了讨论。

忽略系统摩擦力,则非完整移动机器人的全动态模型可表示为

$$\dot{q} = S(q)u \tag{7.1}$$

$$\bar{M}(q)\dot{u} + \bar{\tau}_d = \bar{B}(q)\tau \tag{7.2}$$

即

$$\dot{u} = \bar{M}(q)^{-1}\left[\bar{B}(q)\tau - \bar{\tau}_d\right] = \tilde{B}(q)\tau - \bar{M}(q)^{-1}\bar{\tau}_d \tag{7.3}$$

式中，$\bar{M}(q)^{-1} = \dfrac{1}{mJ}\begin{bmatrix} J & 0 \\ 0 & m \end{bmatrix}$，$\tilde{B}(q) = \bar{M}(q)^{-1}\bar{B}(q) = \begin{bmatrix} \dfrac{1}{mr} & \dfrac{1}{mr} \\ \dfrac{b}{Jr} & -\dfrac{b}{Jr} \end{bmatrix}$。

若忽略系统的干扰项 $\bar{\tau}_d$，可将式（7.3）简化为

$$\dot{u} = \tilde{B}(q)\tau \tag{7.4}$$

7.2　控制律设计

步骤 1：设计运动学控制器。

取 Lyapunov 函数为

$$V = \frac{1}{2}(x_e - d + d\cos\theta_e)^2 + \frac{1}{2}(y_e + d\sin\theta_e)^2 + \frac{1}{K_\theta}(1 - \cos\theta_e) \tag{7.5}$$

式中，$K_\theta > 0$，为控制器参数。

求导得

$$\dot{V} = (x_e - d + d\cos\theta_e)(\dot{x}_e - d\dot{\theta}_e\sin\theta_e) + (y_e + d\sin\theta_e)(\dot{y}_e + d\dot{\theta}_e\cos\theta_e) + \frac{1}{K_\theta}\dot{\theta}_e\sin\theta_e$$

$$= (x_e - d + d\cos\theta_e)(y_e\omega - v + v_r\cos\theta_e + d\omega_r\sin\theta_e - d\omega_r\cos\theta_e + d\omega\sin\theta_e)$$

$$+ (y_e + d\sin\theta_e)(-x_e\omega + d\omega + v_r\sin\theta_e - d\omega_r\sin\theta_e + d\omega_r\cos\theta_e - d\omega\cos\theta_e)$$

$$+ \frac{1}{K_\theta}\sin\theta_e(\omega_r - \omega) \tag{7.6}$$

化简得

$$\dot{V} = (x_e - d + d\cos\theta_e)(-v + v_r\cos\theta_e) + (y_e + d\sin\theta_e)v_r\sin\theta_e + \frac{1}{K_\theta}\sin\theta_e(\omega_r - \omega) \tag{7.7}$$

设计控制律为

$$u = \begin{bmatrix} v_r\cos\theta_e + k_1(x_e - d + d\cos\theta_e) \\ \omega_r + K_\theta v_r(y_e + d\sin\theta_e) + k_2\sin\theta_e \end{bmatrix} \tag{7.8}$$

式中，k_1、k_2 为控制器参数，且 $k_1 > 0$，$k_2 > 0$。

步骤 2：设计动力学轨迹跟踪控制器。

由式（7.4）可知

$$\begin{bmatrix} \dot{v} \\ \dot{\omega} \end{bmatrix} = \begin{bmatrix} \dfrac{1}{mr} & \dfrac{1}{mr} \\ \dfrac{b}{Jr} & -\dfrac{b}{Jr} \end{bmatrix} \begin{bmatrix} \tau_1 \\ \tau_2 \end{bmatrix} \tag{7.9}$$

定义速度跟踪误差：

$$\begin{bmatrix} v_e \\ \omega_e \end{bmatrix} = \begin{bmatrix} v_d - v \\ \omega_d - \omega \end{bmatrix} \tag{7.10}$$

由前文可知

$$\begin{bmatrix} v_d \\ \omega_d \end{bmatrix} = \begin{bmatrix} v_r \cos\theta_e + k_1(x_e - d + d\cos\theta_e) \\ \omega_r + K_\theta v_r (y_e + d\sin\theta_e) + k_2 \sin\theta_e \end{bmatrix} \tag{7.11}$$

将式（7.10）对时间求微分并代入式（7.9）得速度跟踪误差微分方程

$$\begin{bmatrix} \dot{v}_e \\ \dot{\omega}_e \end{bmatrix} = \begin{bmatrix} \dot{v}_d - \dfrac{\tau_1 + \tau_2}{mr} \\ \dot{\omega}_d - \dfrac{b(\tau_1 - \tau_2)}{Jr} \end{bmatrix} \tag{7.12}$$

因此，对动力学速度跟踪控制问题转换为系统（6.10）的镇定控制问题，所以履带式水下清淤机器人轨迹跟踪控制的目标是设计合适的输入力矩 τ，使得 $\lim\limits_{t\to\infty}|v_e| = 0$，$\lim\limits_{t\to\infty}|\omega_e| = 0$。

取 Lyapunov 函数为

$$V_1 = \frac{1}{2}v_e^2 + \frac{1}{2}\omega_e^2 \tag{7.13}$$

将式（7.13）对时间求微分得

$$\dot{V}_1 = v_e \dot{v}_e + \omega_e \dot{\omega}_e \tag{7.14}$$

将式（7.12）代入得

$$\dot{V}_1 = v_e(\dot{v}_d - \frac{\tau_1 + \tau_2}{mr}) + \omega_e[\dot{\omega}_d - \frac{b(\tau_1 - \tau_2)}{Jr}] \tag{7.15}$$

为使 $V_1 \leqslant 0$，设计如下控制律：

$$\tau_1 + \tau_2 = mr\dot{v}_d + k_3 v_e \tag{7.16}$$

$$\tau_1 - \tau_2 = \frac{Jr}{b}\dot{\omega}_d + k_4 \omega_e \tag{7.17}$$

式中，k_3 和 k_4 为控制器参数，且 $k_3 > 0$，$k_4 > 0$。

对式（7.16）和式（7.17）整理得

$$\tau = \begin{bmatrix} \dfrac{1}{2}\left(mr\dot{v}_d + k_3 v_e + \dfrac{Jr}{b}\dot{\omega}_d + k_4\omega_e\right) \\ \dfrac{1}{2}\left(mr\dot{v}_d + k_3 v_e - \dfrac{Jr}{b}\dot{\omega}_d - k_4\omega_e\right) \end{bmatrix} \tag{7.18}$$

7.3 仿真分析

为了验证上文设计的控制律的有效性，对其进行数值仿真，设履带式水下清淤机器人主要参数为：$m = 13000\text{kg}$，$d = 0.2$，$r = 0.45\,\text{m}$，$b = 1.5\,\text{m}$，$J = 2.5\text{kg}\cdot\text{m}^2$。

情况 1：选取直线作为参考轨迹，设给定参考轨迹方程为 $x(t) = t$，$y(t) = t$，$\theta(t) = \dfrac{\pi}{4}$；控制器参数为 $k_1 = 0.313$，$k_2 = 20$，$K_\theta = 1$，$k_3 = 1$，$k_4 = 1$。机器人的控制输入为 $v_r = \sqrt{2}\,\text{m/s}$，$\omega_r = 0$；机器人初始位置为 $x(0) = 3\,\text{m}$，$y(0) = 1\,\text{m}$，$\theta(0) = \pi$。

仿真结果如下所述。

由图 7.2 的轨迹跟踪曲线可知，受控履带式水下清淤机器人在 10s 左右从初始位置跟踪到参考轨迹；由图 7.3 的误差曲线可知，受控履带式水下清淤机器人在 25s 内 x_e、y_e 和 θ_e 都收敛到 0，其中 x_e 和 y_e 在 7s 左右收敛到 0；由图 7.4 可知，受控履带式水下清淤机器人在 4s 内输入线速度和角速度收敛到了参考值。由图 7.5 可知输入力矩将在 10s 左右趋于稳定状态。由以上可知，系统在所设计的基于后步法的轨迹跟踪控制律下能够较好地跟踪参考轨迹，而且跟踪性能良好。

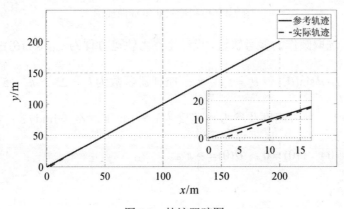

图 7.2 轨迹跟踪图

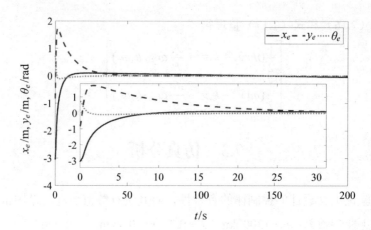

图 7.3　跟踪误差曲线

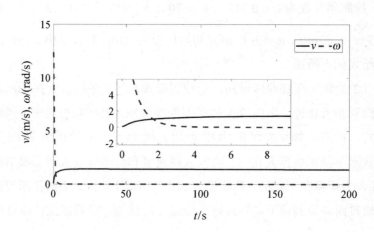

图 7.4　控制输入 v 和 ω 曲线图

　　情况 2：选取圆作为参考轨迹，设给定参考轨迹方程为 $x_r = \sin(\theta_r) - d\cos(\theta_r)$，$y_r = -\cos(\theta_r) - d\sin(\theta_r)$，$\theta_r = t + \dfrac{3}{4}\pi$；控制器参数为 $k_1 = 25$，$k_2 = 5$，$K_\theta = 1$，$k_3 = 1$，$k_4 = 1$。参考速度及参考角速度为 $v_r = 1\text{m}/\text{s}$，$\omega_r = 1\text{rad}/\text{s}$；机器人初始位置为 $x(0) = 0$，$y(0) = 0$，$\theta(0) = \dfrac{3}{4}\pi$。

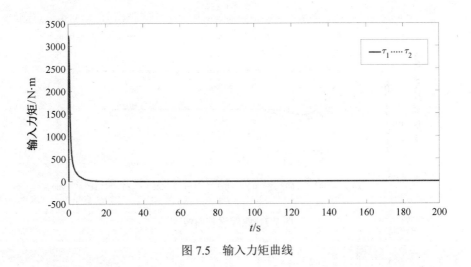

图 7.5　输入力矩曲线

仿真结果如下所述。

由图 7.6 可知，受控履带式水下清淤机器人能够在 4s 内跟踪上参考轨迹；由图 7.7 的跟踪误差曲线可知误差 x_e、y_e 和 θ_e 在 4s 内收敛到 0；在图 7.8 中可以看到控制输入 v 和 ω 在 4s 内跟踪上参考线速度和角速度。由图 7.9 可以看出输入力矩在 4s 内趋于稳定状态。由此可知，所设计的控制律在跟踪圆形轨迹时也有着良好的控制效果，而且受控系统在所设计的控制律下能够良好地跟踪参考轨迹，跟踪性能良好。

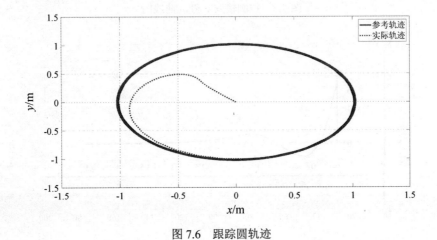

图 7.6　跟踪圆轨迹

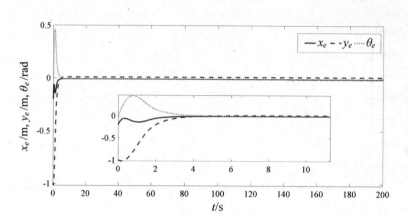

图 7.7 跟踪误差曲线

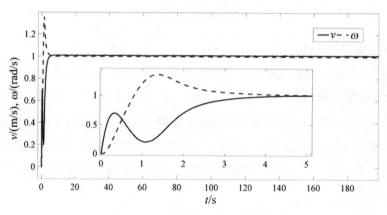

图 7.8 控制输入 v 和 ω 曲线图

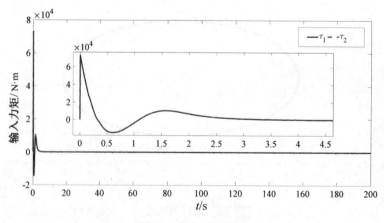

图 7.9 输入力矩曲线

7.4 本章小结

本章为解决履带式水下清淤机器人水下清淤作业的轨迹跟踪控制问题，并在考虑履带式水下清淤机器人质心与几何中心不重合问题的基础上建立运动学模型，然后设计非线性 Backstepping 运动学控制器，考虑机器人参数对控制结果的影响，引入非完整约束拉格朗日动力学模型，设计非线性 Backstepping 动力学控制器，并且利用 Lyapunov 稳定性理论证明了系统的稳定性，仿真结果表明了所设计的控制器有良好的控制性能。

第 8 章　基于自适应自调节 PID 的水下清淤机器人轨迹跟踪控制

履带式机器人的轨迹跟踪运动控制问题，通常根据实际运动特性，明确其运动学模型，在第 6 章中利用 Backstepping 法建立全局运动模型后，直接得到控制器（控制律）结构，然而单纯使用反步法进行正动力学控制器设计，需要知道精确的模型，并且对于外界扰动的鲁棒性较差，机器人自身的控制性能也无法真正发挥，将不符合履带式机器人实际控制需求，因此动力学控制器的设计是一个很重要的环节。

本章将采用工业控制领域较为常用的 PID 控制，并进一步考虑机器人工作环境存扰动的特殊性，选择鲁棒自适应技术对 PID 进行优化。

8.1　PID 控制方法

PID 控制是一种鲁棒性和抗干扰能力较为优秀的经典控制方法。其凭借简单的结构成为工业控制领域常用的控制方案这一，且作为一个负反馈控制系统，不依赖具体的受控模型，让其更加受到工业界的追捧，而履带式机器人作为一个由驱动力矩为驱动源的工业作业机器人，PID 控制器也早已落地应用，并成为控制主流。

8.1.1　PID 控制原理

PID 控制的本质是一种线性代数反馈控制器，主要由比例、积分和微分三大环节组成，原始形式为

$$E_{\text{PID}}(t) = K_p \left[e(t) + \frac{T}{T_i} \int_0^t e(t)\mathrm{d}t + \frac{T_d}{T} \frac{\mathrm{d}e(t)}{\mathrm{d}t} \right] \tag{8.1}$$

其中，PID 因为三大环节具有独特特点，但也因此具有相应的缺陷。各个环节分别具有如下所述的特点。

比例环节是一种最简单的控制方式。其控制的输出与输入误差信号成比例关系。当仅有比例控制时，系统输出存在稳态误差。如果系统是稳定的，增大比例调节的增益，可以减小系统的稳态误差。在达到减小偏差的控制效果的同时，想要加快系统的响应速度和缩短系统的调节时间，就需要增大比例增益 K_p。然而比例作用 P 调节量太大会影响系统的动态性能，严重的会导致闭环系统的不稳定。

积分环节控制器的输出与输入误差信号的积分成比例关系。对于一个自动控制系统，如果在进入稳态后存在稳态误差，为了消除稳态误差，会在控制器中引入积分项。增大积分系数，提高系统的稳态控制精度，但太大会引起系统不稳定。积分作用的缺点是会使系统稳定性下降。在误差较大的控制阶段，积分作用的控制效果会让系统调节时间减慢，同时控制系统会产生较大的超调量。

微分环节控制器的输出与输入误差信号的微分成正比关系。当存在较大的惯性组件或有滞后组件时，可能出现震荡甚至不稳定。加入微分调节可以降低积分调节作用的缓慢性，并有效避免积分作用降低系统响应速度的缺点，对变化落后于误差变化的系统，需要增加微分性，它能预测误差变化的趋势，能够让控制系统按照误差变化的趋势调整控制策略。为了加快系统的输出响应，可以添加合适的微分作用，它能够有效减小系统的超调量，增强控制系统稳定性的同时优化系统的动态特性。但是微分作用也存在一些缺点，外界环境或系统自身的扰动会影响系统的稳定性，控制系统的抗干扰能力不强。

8.1.2 PID 主要分类

主流 PID 控制器也分为增量式和位置式，分别根据不同应用需求进行区分。

1. 位置式 PID

原始连续式为式（8.1）。

为了可以更好地在机器人中进行应用，多根据硬件的采样率将式（8.1）离散化可得

$$E_{\mathrm{PID}}(k) = K_p \left\{ e(k) + \frac{T}{T_i} \sum_{i=0}^{k} e(i) + \frac{T_d}{T} [e(k) - e(k-1)] \right\} \tag{8.2}$$

　　位置型 PID 控制算法适用于不带积分元件的执行器。执行器的动作位置与其输入信号呈一一对应的关系。控制器根据第 k 次被控变量采样结果与设定值之间的偏差 $e(k)$ 计算出第 k 次采样之后所输出的控制变量。位置式 PID 算法的不足：采样的输出量和以前的任何状态都有关联，不是独立的控制量，运算时要用累加器累计 $e(k)$ 的量，计算量非常大；同时控制系统输出 $E_{PID}(k)$ 相对的是实行设备的现实环节，一旦计算机发生故障，$E_{PID}(k)$ 会有大幅度变化，进而也会引起实行设备位置的剧烈变化。

2. 增量式 PID

　　增量式 PID 算法控制，即输出量为控制量的增量的控制系统。算法在应用时，输出的控制量相对的是本次实行设备的位置增量，并非相对实行设备的现实位置，所以该算法需要实行设备，应该对控制量增量进行累积，才能实现对被控系统的控制。系统的累积功能可以采用硬件电路实现，还可以通过软件编程方法来完成。

$$E_{PID}(k) - E_{PID}(k-1) = \Delta u(k)$$

$$= K_p \left\{ e(k) - e(k-1) + \frac{T}{T_i} e(k) + \frac{T_d}{T} [e(k) - 2e(k-1) + e(k-2)] \right\} \quad (8.3)$$

　　运用增量式 PID 算法的好处：算式中没有累加环节，不用大量计算；控制增量值与系统最近 3 次的采样值有关，方便使用加权处理达到良好的控制效果。每次计算机输出的仅仅是控制增量，即相对执行设备位置的改变量。如果机器发生故障，对系统的影响范围小，更不会严重妨碍生产过程。

8.1.3 PID 控制器设计

第 1 步：设计运动学广义速度控制律。

　　针对运动学模型进行运动学误差微分方程的建模，图 8.1 所示的是履带式清淤机器人在几何平面内移动时位姿变化的过程。

　　定义跟踪误差为

$$\begin{bmatrix} x_e \\ y_e \\ \theta_e \end{bmatrix} = \begin{bmatrix} \cos\theta & \sin\theta & 0 \\ -\sin\theta & \cos\theta & 0 \\ 0 & 0 & 1 \end{bmatrix} \begin{bmatrix} x_r - x \\ y_r - y \\ \theta_r - \theta \end{bmatrix} \quad (8.4)$$

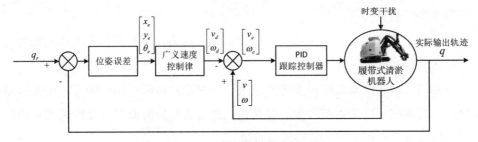

图 8.1　PID 轨迹跟踪控制器

对式（8.4）求导得

$$\begin{bmatrix} \dot{x}_e \\ \dot{y}_e \\ \dot{\theta}_e \end{bmatrix} = \begin{bmatrix} -v + y_e\omega + v_r\cos\theta_e + d\omega_r\sin\theta_e \\ -x_e\omega + d\omega + v_r\sin\theta_e - d\omega_r\cos\theta_e \\ \omega_r - \omega \end{bmatrix} \tag{8.5}$$

因此，履带式清淤机器人轨迹跟踪控制的目标是设计合适的期望速度使得位姿误差趋向于零，所以，履带式清淤机器人运动学轨迹跟踪控制问题又转换为 $[x_e \quad y_e \quad \theta_e]^\mathrm{T}$ 的镇定问题。

结合第 6 章中的反步控制法，可知由 Backstepping 理论得到渐近稳定的广义速度控制律（速度虚拟控制律）：

$$\begin{bmatrix} v_d \\ \omega_d \end{bmatrix} = \begin{bmatrix} v_r\cos\theta_e - \omega\theta_e + k_2(x_e - d + d\cos\theta_e) \\ \omega_r + v_r\left(\alpha_1\dfrac{(y_e + d\sin\theta_e + \theta_e)}{k_1} + \alpha_2\sin\theta_e \right) \end{bmatrix} \tag{8.6}$$

式中，$k_1 > 0$，$k_2 > 0$，$\alpha_1 > 0$，$\alpha_2 > 0$，均为控制律参数，且满足 $\alpha_1 + \alpha_2 = 1$。

第 2 步：设计动力学 PID 控制器。

由第 1 步可得动力学反馈控制状态误差：

$$e_1 = v - v_d \tag{8.7}$$

$$e_2 = \omega - \omega_d \tag{8.8}$$

根据 PID 设计思想，将速度误差构造为比例、积分和微分 3 个环节，并分别设计比例增益 K_p、积分增益 K_i 和微分增益 K_d 得到如下线性组合误差式控制器：

$$u_v = K_{p1}e_1 + K_{i1}\int e_1\mathrm{d}\tau + K_{d1}\dot{e}_1 \tag{8.9}$$

$$u_\omega = K_{p2}e_2 + K_{i2}\int e_2\mathrm{d}\tau + K_{d2}\dot{e}_2 \tag{8.10}$$

式中，K_{pj}，K_{ij}，K_{dj}（$j=1,2$），均为大于零的控制器参数。

第 3 步：仿真验证。

为了验证 PID 控制在常规应用场景中的作业能力，分别设计直线和圆弧线为参考轨迹进行仿真验证。

本章以直线和圆轨迹两种参考轨迹进行控制律轨迹跟踪仿真验证，主要以跟踪轨迹历时曲线、位姿误差收敛历时曲线、速度跟踪历时曲线以及控制输入历时曲线来细致地分析控制律的轨迹跟踪性能。

案例 1：以圆形作为参考轨迹，设置参考轨迹方程为 $x_r = 5\sin\theta_r - 0.25\cos\theta_r$，$y_r = -5\cos\theta_r - 0.25\sin\theta_r$，$\theta(t) = 0.1t + \dfrac{3}{4}\pi$；设置广义速度控制律参数为 $k_1 = 5$，$k_2 = 0.2$，$\alpha_1 = 0.5$，$\alpha_2 = 0.5$。PID 圆形轨迹跟踪及其误差如图 8.2 和图 8.3 所示。

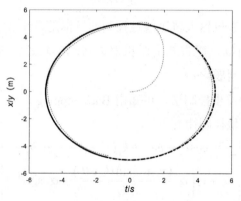

图 8.2　PID 圆形轨迹跟踪图

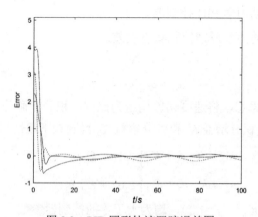

图 8.3　PID 圆形轨迹跟踪误差图

案例 2：以直线作为参考轨迹，设置参考轨迹方程为 $x(t) = t$ ， $y(t) = t$ ， $\theta(t) = \dfrac{\pi}{4}$ ；设置广义速度控制律参数为 $k_1 = 9$ ， $k_2 = 0.9$ ， $\alpha_1 = 0.5$ ， $\alpha_2 = 0.5$ 。PID 直线轨迹跟踪及其误差如图 8.4 和图 8.5 所示。

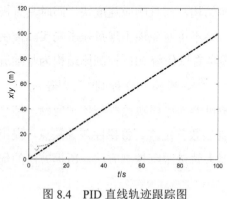
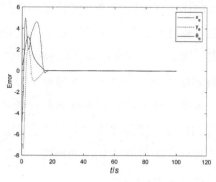

图 8.4　PID 直线轨迹跟踪图　　　　图 8.5　PID 直线轨迹跟踪误差图

8.2　自适应 PID 控制器

履带式水下清淤机器人在进行轨迹跟踪时受到时变的深水、相对较强的水流等影响，会导致机器人轨迹跟踪控制中存在未知扰动的问题。因此，本章侧重研究履带式水下清淤机器人轨迹跟踪控制中的未知扰动问题。

在工业智能控制中，传统的 PID 控制律因其结构简单、不依赖于控制系统的具体模型等优点在本领域中应用广泛。2007 年，文献[233]设计了移动机器人轨迹跟踪 PID 控制律，证明 PID 这一成熟工控方案在移动机器人轨迹跟踪控制中具有良好的控制性能。虽然 PID 控制律具有公认的结构简单、调节参数少等优点，但是对外界干扰鲁棒性差，这是由于 PID 控制律自身的缺陷导致的。除此之外，人工整定 PID 控制律参数的过程非常复杂，所以很多学者为提高 PID 控制律参数的整定效率进行研究，主要利用粒子群优化算法在线计算不同时刻的 PID 控制律参数来优化 PID 控制律参数的整定过程，以达到参数自整定的效果[234]，然而优化算法需要在线计算，算法结构复杂，对设备性能的要求较高，不利于工程实现。因此，许多学者为发挥 PID 控制律结构简单的优势，以提高 PID 控制律鲁棒性为目的进行研究。2019 年，Abougarair 等[235]将 PID 控制律和反馈线性二次型调节器（Linear Quadratic Regulator，LQR）复合连接，设计出一种具有较好鲁棒性的最优控制律，不过这种控制律结构复杂，可调性较差。因此，许多学者利用 PID 控制律结构特点与滑模控制结合提高控制算法的响应性，从而设计出了 PID 型滑模控制律。这种控制律不仅具有 PID 控制律结构，而且响应速度快，同时具有极好的鲁棒性[236]。但滑模控制在切换滑模面时会不可避免地出现抖振影响实际控制效果。因此，为保证控制律结构简单，许多学者以传统 PID 控制律结构为基础进行类 PID 控制律的研究，如模糊 PID 控制[237-238]、鲁棒 PID 控制[239-240]等。

本章针对未知有界干扰下的履带式清淤机器人鲁棒轨迹跟踪控制问题，结合传统 PID 控制律的优点，克服传统 PID 控制参数整定难、鲁棒性差等缺点，提出了一种自适应自调节 PID 的履带式清淤机器人轨迹跟踪控制方法。所提方法的优点可概括如下：

（1）利用自适应技术实现对未知有界干扰的有效估计，提高轨迹跟踪控制律的鲁棒性能。

（2）针对未知有界干扰问题，设计自适应自调节 PID 轨迹跟踪控制律。该算法不仅具有传统 PID 算法的结构，而且对未知干扰鲁棒性强，同时能够对控制律增益进行自调节，实现对参考轨迹的稳定轨迹跟踪控制。

根据履带式清淤机器人运动数学模型式（6.58）和（6.59）可知，忽略系统摩擦力矩阵项，履带式清淤机器人运动数学模型可以表示为

$$\dot{q} = S(q)u \tag{8.11}$$

$$\bar{M}(q)\dot{u} = \bar{B}(q)\tau - \bar{\tau}_d \tag{8.12}$$

式中，$\bar{M}(q) = S^{\mathrm{T}}(q)M(q)S(q)$，$\bar{C}(q,q) = S^{\mathrm{T}}(q)[M(q)\dot{S}(q) + C(q,q)S(q)]$，$\bar{\tau}_d = S^{\mathrm{T}}(q)\tau_d$，$\bar{B}(q) = S^{\mathrm{T}}(q)B(q)$。系统运动学方程（8.11）可以表示为

$$\dot{q} = \begin{bmatrix} \dot{x} \\ \dot{y} \\ \dot{\theta} \end{bmatrix} = S(q)u = S(q)\begin{bmatrix} v \\ \omega \end{bmatrix} = \begin{bmatrix} \cos\theta & d\sin\theta \\ \sin\theta & -d\cos\theta \\ 0 & 1 \end{bmatrix}\begin{bmatrix} v \\ \omega \end{bmatrix} \tag{8.13}$$

式中，$u = \begin{bmatrix} v & \omega \end{bmatrix}^{\mathrm{T}}$ 为机器人输入，即广义速度向量；$S(q) = \begin{bmatrix} \cos\theta & d\sin\theta \\ \sin\theta & -d\cos\theta \\ 0 & 1 \end{bmatrix}$ 为变换矩阵。

由式（8.12）可得系统动力学方程为

$$\dot{u} = \bar{M}(q)^{-1}\left[\bar{B}(q)\tau - \bar{\tau}_d\right] = \tilde{B}(q)\tau - \bar{M}(q)^{-1}\bar{\tau}_d \tag{8.14}$$

式中，$\bar{M}(q)^{-1} = \dfrac{1}{mJ}\begin{bmatrix} J & 0 \\ 0 & m \end{bmatrix}$，$\tilde{B}(q) = \bar{M}(q)^{-1}\bar{B}(q) = \begin{bmatrix} \dfrac{1}{mr} & \dfrac{1}{mr} \\ \dfrac{b}{Jr} & -\dfrac{b}{Jr} \end{bmatrix}$。

即

$$\dot{u} = \begin{bmatrix} \dot{v} \\ \dot{\omega} \end{bmatrix} = \begin{bmatrix} u_1\beta_1 \\ u_2\beta_2 \end{bmatrix} - \begin{bmatrix} \tilde{\tau}_{d1} \\ \tilde{\tau}_{d2} \end{bmatrix} \tag{8.15}$$

式中，$u_1 = \tau_1 + \tau_2$；$u_2 = \tau_1 - \tau_2$；$\beta_1 = \dfrac{1}{mr}$；$\beta_2 = \dfrac{b}{Jr}$；$\begin{bmatrix} \tilde{\tau}_{d1} \\ \tilde{\tau}_{d2} \end{bmatrix} = \bar{M}(q)^{-1}\bar{\tau}_d$。

假设 3.1：外部环境扰动 $\tilde{\tau}_d$ 是未知有界的，且满足 $|\tilde{\tau}_{d1}| \leqslant \xi_1$，$|\tilde{\tau}_{d2}| \leqslant \xi_2$，其中，$\xi_1$、$\xi_2$ 为正常数。

假设 3.2：参考轨迹及其一阶导数均是有界的。

8.2.1 自适应自调节 PID 轨迹跟踪控制律设计

履带式水下清淤机器人的轨迹跟踪控制律设计分为两个步骤：第 1 步，利用 Lyapunov 第二方法和 Backstepping 控制方法来设计运动学的广义速度控制律，使机器人运动位姿误差变量镇定；第 2 步，利用自适应技术对外界未知扰动进行估计，设计动力学速度跟踪控制律，在设计过程中进行算法机构的优化，使控制律具有传统 PID 算法的结构。控制律的设计流程如图 8.6 所示，具体步骤如下：

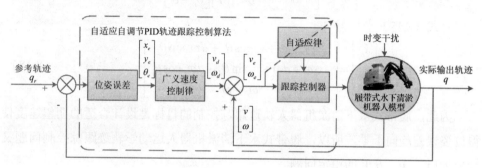

图 8.6　自适应自调节 PID 轨迹跟踪控制律设计流程

第 1 步：设计运动学广义速度控制律。

为跟踪参考轨迹，需要先设定履带式清淤机器人的参考轨迹 q_r，参考轨迹同样满足履带式清淤机器人的运动学模型：

$$\dot{q}_r = \begin{bmatrix} \dot{x}_r & \dot{y}_r & \dot{\theta}_r \end{bmatrix}^{\mathrm{T}} = S(q_r)u_r = \begin{bmatrix} \cos\theta_r & d\sin\theta_r \\ \sin\theta_r & -d\cos\theta_r \\ 0 & 1 \end{bmatrix} \begin{bmatrix} v_r \\ \omega_r \end{bmatrix} \tag{8.16}$$

式中，v_r 为期望线速度，ω_r 为期望角速度，两者及两者的导数都是可导有界的。

针对运动学模型进行运动学误差微分方程的建模。图 8.7 所示是履带式水下清淤机器人在几何平面内移动时位姿变化的过程。

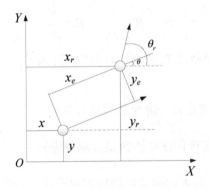

图 8.7　履带式水下清淤机器人位姿误差示意图

定义跟踪误差为

$$\begin{bmatrix} x_e \\ y_e \\ \theta_e \end{bmatrix} = \begin{bmatrix} \cos\theta & \sin\theta & 0 \\ -\sin\theta & \cos\theta & 0 \\ 0 & 0 & 1 \end{bmatrix} \begin{bmatrix} x_r - x \\ y_r - y \\ \theta_r - \theta \end{bmatrix} \tag{8.17}$$

对式（8.17）求导得

$$\begin{bmatrix} \dot{x}_e \\ \dot{y}_e \\ \dot{\theta}_e \end{bmatrix} = \begin{bmatrix} -v + y_e\omega + v_r\cos\theta_e + d\omega_r\sin\theta_e \\ -x_e\omega + d\omega + v_r\sin\theta_e - d\omega_r\cos\theta_e \\ \omega_r - \omega \end{bmatrix} \tag{8.18}$$

因此，履带式水下清淤机器人轨迹跟踪控制的目标是设计合适的期望速度使得位姿误差趋向于零，所以，履带式水下清淤机器人运动学轨迹跟踪控制问题又转换为 $[x_e \quad y_e \quad \theta_e]^{\mathrm{T}}$ 的镇定问题。

根据系统（8.18）设计全局一致渐近稳定的广义速度控制律为

$$\begin{bmatrix} v_d \\ \omega_d \end{bmatrix} = \begin{bmatrix} v_r \cos\theta_e - \omega\theta_e + k_2(x_e - d + d\cos\theta_e) \\ \omega_r + v_r \left(\alpha_1 \dfrac{(y_e + d\sin\theta_e + \theta_e)}{k_1} + \alpha_2 \sin\theta_e \right) \end{bmatrix} \tag{8.19}$$

式中，$k_1 > 0$，$k_2 > 0$，$\alpha_1 > 0$，$\alpha_2 > 0$，均为控制律参数，且满足 $\alpha_1 + \alpha_2 = 1$。

第 2 步：设计动力学跟踪控制律。

定义速度误差

$$e_1 = v - v_d \tag{8.20}$$

$$e_2 = \omega - \omega_d \tag{8.21}$$

$$e_3 = \dot{e}_1 = \dot{v} - \dot{v}_d \tag{8.22}$$

$$e_4 = \dot{e}_2 = \dot{\omega} - \dot{\omega}_d \tag{8.23}$$

定义如下新变量

$$s_1 = \lambda_1 e_1 + \lambda_2 \int e_1 \mathrm{d}t + \dot{e}_1 \tag{8.24}$$

$$s_2 = \lambda_3 e_2 + \lambda_4 \int e_2 \mathrm{d}t + \dot{e}_2 \tag{8.25}$$

式中，$\lambda_i > 0$，为设计参数，$i = 1,2,3,4$；t 为时间变量。

对式（8.24）和式（8.25）求导得

$$\dot{s}_1 = \lambda_1(\dot{v} - \dot{v}_d) + \lambda_2 e_1 + \ddot{e}_1 \tag{8.26}$$

$$\dot{s}_2 = \lambda_3(\dot{\omega} - \dot{\omega}_d) + \lambda_4 e_2 + \ddot{e}_2 \tag{8.27}$$

将式（8.15）代入式（8.26）和式（8.27）得

$$\dot{s}_1 = \lambda_1(u_1\beta_1 + \tilde{\tau}_{d1} - \dot{v}_d) + \lambda_2 e_1 + \ddot{e}_1 \tag{8.28}$$

$$\dot{s}_2 = \lambda_3(u_2\beta_2 + \tilde{\tau}_{d2} - \dot{\omega}_d) + \lambda_4 e_2 + \ddot{e}_2 \tag{8.29}$$

根据式（8.28）和式（8.29），设计控制律和自适应控制律如下

$$u_1 = -\left(k_{d1} + \hat{\vartheta}_1 h_1^2(z) \right) s_1 \tag{8.30}$$

$$u_2 = -\left(k_{d2} + \hat{\vartheta}_2 h_2^2(z) \right) s_2 \tag{8.31}$$

$$\dot{\hat{\vartheta}}_1 = \beta_1 r_1 h_1^2(z) s_1^2 - \delta_1 \hat{\vartheta}_1 \tag{8.32}$$

$$\dot{\hat{\vartheta}}_2 = \beta_2 r_2 h_2^2(z) s_2^2 - \delta_2 \hat{\vartheta}_2 \tag{8.33}$$

式中，$k_{di} > 0$，$r_i > 0$，$\delta_i > 0$，均为设计正常数，$\hat{\vartheta}_i$ 为 ϑ_i 的估计，$h_i(z)$ 与 ϑ_i 将在后面给出，$i = 1,2$。

选取如下 Lyapunov 函数：

$$V_1 = \frac{1}{2}s_1^2 + \frac{1}{2}s_2^2 + \frac{\lambda_1}{2r_1}\tilde{\vartheta}_1^2 + \frac{\lambda_3}{2r_2}\tilde{\vartheta}_2^2 \tag{8.34}$$

式中，$\tilde{\vartheta}_i = \vartheta_i - \hat{\vartheta}_i$；$\lambda_1 > 0$，$\lambda_3 > 0$，$r_i > 0$ 为控制律参数，$i = 1,2$。

对式（8.34）求导得

$$\begin{aligned}
\dot{V}_1 &= s_1\left(\lambda_1(u_1\beta_1 + \tilde{\tau}_{d1} - \dot{v}_d) + \lambda_2 e_1 + \ddot{e}_1\right) + s_2\left(\lambda_3(u_2\beta_2 + \tilde{\tau}_{d2} - \dot{v}_d) + \lambda_4 e_2 + \ddot{e}_2\right) \\
&\quad - \frac{\lambda_1}{r_1}\tilde{\vartheta}_1\dot{\hat{\vartheta}}_1 - \frac{\lambda_3}{r_2}\tilde{\vartheta}_2\dot{\hat{\vartheta}}_2 \\
&\leqslant |s_1|\left(|\lambda_2 e_1 - \lambda_1\dot{v}_d + \ddot{e}_1| + \lambda_1\xi_1\right) + |s_2|\left(|\lambda_4 e_2 - \lambda_3\dot{\omega}_d + \ddot{e}_2| + \lambda_3\xi_2\right) \\
&\quad + \lambda_1 s_1\beta_1 u_1 + \lambda_3 s_2\beta_2 u_2 - \frac{\lambda_1}{r_1}\tilde{\vartheta}_1\dot{\hat{\vartheta}}_1 - \frac{\lambda_3}{r_2}\tilde{\vartheta}_2\dot{\hat{\vartheta}}_2 \\
&\leqslant |s_1|\vartheta_1 h_1(z) + |s_2|\vartheta_2 h_2(z) + \lambda_1 s_1\beta_1 u_1 + \lambda_3 s_2\beta_2 u_2 - \frac{\lambda_1}{r_1}\tilde{\vartheta}_1\dot{\hat{\vartheta}}_1 - \frac{\lambda_3}{r_2}\tilde{\vartheta}_2\dot{\hat{\vartheta}}_2
\end{aligned} \tag{8.35}$$

式中，$h_1(z) = |\lambda_2 e_1 - \lambda_1\dot{v}_d + \ddot{e}_1| + 1$，$h_2(z) = |\lambda_4 e_2 - \lambda_3\dot{\omega}_d + \ddot{e}_2| + 1$，$\vartheta_1 = \max\{\lambda_1\xi_1, 1\}$，$\vartheta_2 = \max\{\lambda_3\xi_2, 1\}$。

根据杨氏不等式得

$$|s_1|h_1(z) \leqslant \lambda_1\beta_1 h_1^2(z)s_1^2 + \frac{1}{4\lambda_1\beta_1} \tag{8.36}$$

$$|s_2|h_2(z) \leqslant \lambda_3\beta_2 h_2^2(z)s_2^2 + \frac{1}{4\lambda_3\beta_2} \tag{8.37}$$

将式（8.36）和式（8.37）代入到式（8.35）中，得

$$\begin{aligned}
\dot{V}_1 &\leqslant \lambda_1\beta_1\vartheta_1 h_1^2(z)s_1^2 + \lambda_3\beta_2\vartheta_2 h_2^2(z)s_2^2 + \lambda_1 s_1\beta_1 u_1 \\
&\quad + \lambda_3 s_2\beta_2 u_2 - \frac{\lambda_1}{r_1}\tilde{\vartheta}_1\dot{\hat{\vartheta}}_1 - \frac{\lambda_3}{r_2}\tilde{\vartheta}_2\dot{\hat{\vartheta}}_2 + \frac{\vartheta_1}{4\lambda_1\beta_1} + \frac{\vartheta_2}{4\lambda_3\beta_2}
\end{aligned} \tag{8.38}$$

将控制律及自适应律代入式（8.38）中，得

$$\begin{aligned}
\dot{V}_1 &\leqslant -\lambda_1\beta_1 k_{d1}s_1^2 - \lambda_3\beta_2 k_{d2}s_2^2 + \lambda_1\beta_1\tilde{\vartheta}_1 h_1^2(z)s_1^2 + \lambda_3\beta_2\tilde{\vartheta}_2 h_2^2(z)s_2^2 \\
&\quad - \frac{\lambda_1}{r_1}\tilde{\vartheta}_1\left[\beta_1 r_1 h_1^2(z)s_1^2 - \delta_1\hat{\vartheta}_1\right] - \frac{\lambda_3}{r_2}\tilde{\vartheta}_2\left[\beta_2 r_2 h_2^2(z)s_2^2 - \delta_2\hat{\vartheta}_2\right] \\
&\quad + \frac{\vartheta_1}{4\lambda_1\beta_1} + \frac{\vartheta_2}{4\lambda_3\beta_2}
\end{aligned} \tag{8.39}$$

整理得

$$\dot{V}_1 = -\lambda_1\beta_1 k_{d1}s_1^2 - \lambda_3\beta_2 k_{d2}s_2^2 + \frac{\lambda_1\delta_1}{r_1}\tilde{\vartheta}_1\hat{\vartheta}_1 + \frac{\lambda_3\delta_2}{r_2}\tilde{\vartheta}_2\hat{\vartheta}_2 + \frac{\vartheta_1}{4\lambda_1\beta_1} + \frac{\vartheta_2}{4\lambda_3\beta_2} \tag{8.40}$$

又因

$$\tilde{\vartheta}_i \hat{\vartheta}_i = \tilde{\vartheta}_i (-\tilde{\vartheta}_i + \vartheta_i) \leqslant -\frac{\tilde{\vartheta}_i^2}{2} + \frac{\vartheta_i^2}{2} \tag{8.41}$$

式中，$i = 1,2$。将式（8.41）代入到式（8.42）中，得

$$\dot{V}_1 \leqslant -\lambda_1 \beta_1 k_{d1} s_1^2 - \lambda_3 \beta_2 k_{d2} s_2^2 - \frac{\lambda_1 \delta_1 \tilde{\vartheta}_1^2}{2r_1} - \frac{\lambda_3 \delta_2 \tilde{\vartheta}_2^2}{2r_2}$$

$$+ \frac{\lambda_1 \delta_1 \vartheta_1^2}{2r_1} + \frac{\lambda_3 \delta_2 \vartheta_2^2}{2r_2} + \frac{\vartheta_1}{4\lambda_1 \beta_1} + \frac{\vartheta_2}{4\lambda_3 \beta_2} \tag{8.42}$$

$$\leqslant -\Omega V_1 + C$$

式中，$\Omega = \min\{2\lambda_1 \beta_1 k_{d1}, 2\lambda_3 \beta_2 k_{d2}, \lambda_1 \delta_1, \lambda_3 \delta_2\}$，$C = \frac{\lambda_1 \delta_1 \vartheta_1^2}{2r_1} + \frac{\lambda_3 \delta_2 \vartheta_2^2}{2r_2} + \frac{\vartheta_1}{4\lambda_1 \beta_1} + \frac{\vartheta_2}{4\lambda_3 \beta_2}$。

将式（8.24）和式（8.25）分别代入式（8.30）和式（8.31）得

$$u_1 = -\left(k_{d1} + \hat{\vartheta}_1 h_1^2(z)\right)\left(\lambda_1 e_1 + \lambda_2 \int e_1 dt + \dot{e}_1\right)$$

$$= -\lambda_1 \left(k_{d1} + \hat{\vartheta}_1 h_1^2(z)\right) e_1 - \lambda_2 \left(k_{d1} + \hat{\vartheta}_1 h_1^2(z)\right) \int e_1 d\tau - \left(k_{d1} + \hat{\vartheta}_1 h_1^2(z)\right) \dot{e}_1 \tag{8.43}$$

$$u_2 = -\left(k_{d2} + \hat{\vartheta}_2 h_2^2(z)\right)\left(\lambda_3 e_2 + \lambda_4 \int e_2 d\tau + \dot{e}_2\right)$$

$$= -\lambda_3 \left(k_{d2} + \hat{\vartheta}_2 h_2^2(z)\right) e_2 - \lambda_4 \left(k_{d2} + \hat{\vartheta}_2 h_2^2(z)\right) \int e_2 dt - \left(k_{d2} + \hat{\vartheta}_2 h_2^2(z)\right) \dot{e}_2 \tag{8.44}$$

令 $k_{p1} = \lambda_1 k_{d1}$，$k_{p1}(\cdot) = \lambda_1 \hat{\vartheta}_1 h_1^2(z)$；$k_{i1} = \lambda_2 k_{d1}$，$k_{i1}(\cdot) = \lambda_2 \hat{\vartheta}_1 h_1^2(z)$，$k_{d1}(\cdot) = \hat{\vartheta}_1 h_1^2(z)$；$k_{p2} = \lambda_3 k_{d2}$，$k_{p2}(\cdot) = \lambda_3 \hat{\vartheta}_2 h_2^2(z)$，$k_{i2} = \lambda_4 k_{d2}$，$k_{i2}(\cdot) = \lambda_4 \hat{\vartheta}_2 h_2^2(z)$，$k_{d2}(\cdot) = \hat{\vartheta}_2 h_2^2(z)$。

则式（8.43）和式（8.44）可以进一步写成

$$u_1 = -\left(k_{p1} + k_{p1}(\cdot)\right) e_1 - \left(k_{i1} + k_{i1}(\cdot)\right) \int e_1 d\tau - \left(k_{d1} + k_{d1}(\cdot)\right) \dot{e}_1 \tag{8.45}$$

$$u_2 = -\left(k_{p2} + k_{p2}(\cdot)\right) e_2 - \left(k_{i2} + k_{i2}(\cdot)\right) \int e_2 dt - \left(k_{d2} + k_{d2}(\cdot)\right) \dot{e}_2 \tag{8.46}$$

从式（8.45）和式（8.46）的结构上看，控制律 $[u_1 \quad u_2]^T$ 结构与传统 PID 控制律相同。但不同的是，控制律 $[u_1 \quad u_2]^T$ 因为拥有 $k_{pj}(\cdot)$、$k_{ij}(\cdot)$ 与 $k_{dj}(\cdot)$，$j = 1,2$，所以能够自适应调节算法参数。当 $k_{pj}(\cdot)$、$k_{ij}(\cdot)$ 与 $k_{dj}(\cdot)$ 均为零时，控制律（8.43）和（8.44）与传统 PID 控制律相同。

8.2.2 稳定性分析

（1）针对运动学广义速度控制律进行稳定性分析。

选取如下 Lyapunov 函数：

$$V_2 = \frac{1}{2}(x_e - d + d\cos\theta_e)^2 + \frac{1}{2}(y_e + d\sin\theta_e + \theta_e)^2 + k_1(1 - \cos\theta) \tag{8.47}$$

对式（8.47）求导得

$$\begin{aligned}
\dot{V}_2 &= (x_e - d + d\cos\theta_e)(\dot{x}_e - d\dot{\theta}_e\sin\theta_e) \\
&\quad + (y_e + d\sin\theta_e + \theta_e)(\dot{y}_e + d\dot{\theta}_e\cos\theta_e + \dot{\theta}_e) \\
&\quad + k_1\dot{\theta}_e\sin\theta_e \\
&= (x_e - d + d\cos\theta_e)(y_e\omega - v + v_r\cos\theta_e + d\omega_r\sin\theta_e \\
&\quad - d\omega_r\cos\theta_e + d\omega\sin\theta_e) \\
&\quad + (y_e + d\sin\theta_e + \theta_e)(-x_e\omega + d\omega + v_r\sin\theta_e \\
&\quad - d\omega_r\sin\theta_e + d\omega_r\cos\theta_e - d\omega\cos\theta_e + \omega_r - \omega) \\
&\quad + k_1\sin\theta_e(\omega_r - \omega)
\end{aligned} \tag{8.48}$$

进一步整理得

$$\begin{aligned}
\dot{V}_2 &= (x_e - d + d\cos\theta_e)(-v + v_r\cos\theta_e - \omega\theta_e) \\
&\quad + (y_e + d\sin\theta_e + \theta_e)v_r\sin\theta_e \\
&\quad + (y_e + d\sin\theta_e + \theta_e + k_1\sin\theta_e)(\omega_r - \omega)
\end{aligned} \tag{8.49}$$

将运动学广义速度控制律式（8.19）代入式（8.49）得

$$\begin{aligned}
\dot{V}_2 &= -k_2(x_e - d + d\cos\theta_e)^2 - \alpha_1 v_r / k_1(y_e + d\sin\theta_e + \theta_e)^2 \\
&\leqslant 0
\end{aligned} \tag{8.50}$$

由 Lyapunov 第二方法稳定性定理可知，所设计的运动学广义速度控制律是稳定的。

（2）针对自适应自调节 PID 控制律进行稳定性分析。

根据上述的设计与分析，本章提出的自适应自调节 PID 跟踪控制律可总结为如下定理。

定理 3.1：在假设 3.1 下，针对未知时变干扰的履带式清淤机器人轨迹跟踪控制问题，设计控制律（8.30）、（8.31）及其自适应控制律（8.32）、（8.33）能使履带式水下清淤机器人跟踪广义速度控制律 $[v_d \quad \omega_d]^{\mathrm{T}}$，并且还能保证闭环轨迹跟踪控制系统的其他所有信号是有界的。通过适当选择参数 λ_1、λ_2、λ_3、λ_4、k_{d1}、k_{d2}、r_1、r_2、δ_1 和 δ_2 可使履带式水下清淤机器人跟踪误差调节到一个较小的邻域内。

证明：求解式（8.42），有

$$0 \leqslant V_1 \leqslant \frac{C}{\Omega} + [V_1(0) - \frac{C}{\Omega}]e^{-\Omega t} \tag{8.51}$$

式中，$V_1(0)$ 是 V_1 的初始值。当 $\lim\limits_{t\to\infty} V_1 \leqslant C/\Omega$ 时，证明 V_1 是有界的，V_1 的有界性可以证明 s_1、s_2、$\tilde{\vartheta}_1$ 和 $\tilde{\vartheta}_2$ 也是有界的，因此 $\hat{\vartheta}_1$ 和 $\hat{\vartheta}_2$ 的有界性得到了证明，同时 e_1、e_2、$\int e_1 \mathrm{d}t$、$\int e_2 \mathrm{d}t$、$\dot{e}_1$、$\dot{e}_2$、$\ddot{e}_1$ 和 $\ddot{e}_2$ 的有界性也得到了证明。因为广义速度控制律（8.19）是有界的，所以 $\dot{v}_d$ 和 $\dot{\omega}_d$ 也是有界的。则 $h_1(z)$ 和 $h_2(z)$ 的有界性也被证明，因此所设计的控制律（8.20）、（8.21）和自适应控制律（8.22）、（8.23）的有界性也得到了证明。因此，闭环轨迹跟踪控制系统内的所有信号是有界的。

8.2.3　仿真试验与对比分析

为验证控制律的有效性，本文以缩尺比 1:20 的小型履带式水下清淤机器人智能平台作为被控对象进行仿真试验。从实际工程中清淤工作的角度出发，履带式水下清淤机器人清淤时是进行直线与转弯两种动作，因此本文以直线轨迹和圆轨迹作为参考轨迹来验证履带式水下清淤机器人的直线跟踪性能与曲线跟踪性能。

履带式水下清淤机器人的主要参数设置为 $m = 5\mathrm{kg}$，$r = 0.05\mathrm{m}$，$b = 0.5\mathrm{m}$，$J = 2.5\mathrm{kg}\cdot\mathrm{m}^2$，$d = 0.05\mathrm{m}$；设置时变扰动为 $\bar{\tau}_d = [\sin(0.25t) \quad \cos(0.25t)]^{\mathrm{T}}$；仿真时间选为 80s。

将本章所设计的控制律与传统的 PID 控制律进行对比。设计传统 PID 控制律为

$$u_v = K_{p1}e_1 + K_{i1}\int e_1 \mathrm{d}t + K_{d1}\dot{e}_1 \tag{8.52}$$

$$u_\omega = K_{p2}e_2 + K_{i2}\int e_2 \mathrm{d}t + K_{d2}\dot{e}_2 \tag{8.53}$$

式中，K_{pj}，K_{ij}，K_{dj}（$j = 1,2$），均为大于零的控制律参数。

本章以直线和圆轨迹两种参考轨迹进行控制律轨迹跟踪仿真验证，主要以跟踪轨迹历时曲线、位姿误差收敛历时曲线、速度跟踪历时曲线以及控制输入历时曲线来细致地分析控制律的轨迹跟踪性能。

案例 1：以直线作为参考轨迹，设置参考轨迹方程为 $x(t) = t$，$y(t) = t$，

$\theta(t) = \dfrac{\pi}{4}$；设置广义速度控制律参数为 $k_1 = 9$，$k_2 = 0.9$，$\alpha_1 = 0.5$，$\alpha_2 = 0.5$；设置自适应自调节 PID 控制律控制参数为 $k_{d1} = 35$，$k_{d2} = 25$，$\lambda_1 = 65$，$\lambda_2 = 0.05$，$\lambda_3 = 55$，$\lambda_4 = 5$，$\delta_1 = 5$，$\delta_2 = 5$，$r_1 = 1$，$r_2 = 1$；设置参考速度为 $v_r = \sqrt{2}\text{m/s}$，$\omega_r = 0$；设置初始位置为 $x(0) = 1\text{m}$，$y(0) = 6\text{m}$，$\theta(0) = 15°$；设置传统 PID 控制律参数为 $K_{p1} = 45$，$K_{i1} = 0.1$，$K_{d1} = 0.1$，$K_{p2} = 34.8$，$K_{i2} = 0.1$，$K_{d2} = 0.1$。

在两种控制律下的控制效果如图 8.8～图 8.11 所示。

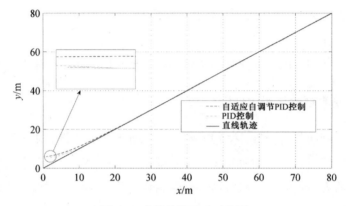

图 8.8　直线轨迹跟踪对比图

通过图 8.8 可以看到，在时变扰动存在的情况下，两种控制律都能使履带式水下清淤机器人跟踪至参考轨迹。但在跟踪开始时，PID 控制律下的轨迹出现了较大偏移，如图 8.8 中放大处所示，主要原因是 PID 控制律针对未知时变干扰的鲁棒性差，而反观自适应自调节 PID 控制下的轨迹跟踪曲线较为平滑地到达参考轨迹，未出现较大的偏差，这说明自适应自调节 PID 对未知时变扰动有着良好的鲁棒性，因此，在时变干扰下，自适应自调节 PID 的直线轨迹跟踪控制效果优于 PID 控制效果。

通过图 8.9 可知，在时变扰动存在的情况下，两种控制律的位姿误差均在 22s 处收敛至零，达到了预期的效果。从误差收敛效果来看，自适应自调节 PID 控制的误差收敛曲线相较于 PID 控制更为平滑。在位姿误差收敛的过程中，PID 控制下的 3 个位姿误差在收敛至零前出现了较大幅度的起伏，收敛至零后仍存在明显的小幅度起伏。而在自适应自调节 PID 控制下的 3 个位姿误差平滑地收敛至零后未出现明显起伏。因此，从位姿误差收敛情况来看，自适应自调节 PID 的控制效果要优于 PID 控制的效果。

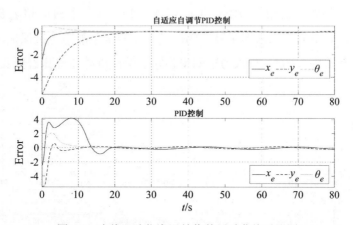

图 8.9　直线跟踪位姿误差收敛历时曲线对比图

由图 8.10 的速度跟踪历时曲线对比图可知，两种算法下的履带式水下清淤机器人均达到了期望速度，但自适应自调节 PID 控制下的最大线速度为 1.44m/s，相较于 PID 控制下的最大线速度 2.8m/s 下降了 48.6%；最大角速度为 0.1rad/s，相较于 PID 控制下的最大角速度 0.8rad/s 下降了 87.5%。而且线速度与角速度的频繁变化会加大驱动轮运行负载，亦加快电机磨损和能量消耗，不利于节能环保。因此自适应自调节 PID 不仅速度跟踪性能优于 PID 控制，在节能环保方面也优于 PID 控制。

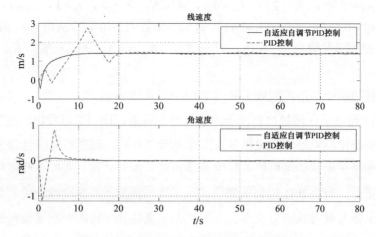

图 8.10　直线轨迹跟踪速度历时曲线对比图

图 8.11 给出了两种控制律下的控制输入历时曲线的对比，可以明显看到自适应自调节 PID 控制下的输入力矩 u_1 和 u_2 相较于 PID 控制下的 u_v 和 u_ω 更快趋向于稳定，PID 控制下的力矩出现了较大的波动，不利于节能与电机保护，降低了系统运行的安全系数，因此，输入力矩的平稳除了节能以外还意味着更安全更环保。

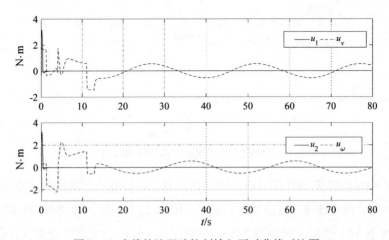

图 8.11　直线轨迹跟踪控制输入历时曲线对比图

案例 2：以圆作为参考轨迹，设置参考轨迹方程为 $x_r = 5\sin\theta_r - 0.25\cos\theta_r$，$y_r = -5\cos\theta_r - 0.25\sin\theta_r$，$\theta(t) = 0.1t + \dfrac{3}{4}\pi$；设置广义速度控制律参数为 $k_1 = 0.5$，$k_2 = 2$，$\alpha_1 = 0.5$，$\alpha_2 = 0.5$；设置自适应自调节 PID 控制参数为 $k_{d1} = 5$，$k_{d2} = 0.5$，$\lambda_1 = 65$，$\lambda_2 = 0.05$，$\lambda_3 = 25$，$\lambda_4 = 0.1$，$\delta_1 = 5$，$\delta_2 = 5$，$r_1 = 1$，$r_2 = 1$；设置参考速度为 $v_r = 0.5\text{m/s}$，$\omega_r = 0.1\text{rad/s}$；设置初始位置为 $x(0) = 0$，$y(0) = 0$，$\theta(0) = 5°$；设置 PID 控制律参数为 $K_{p1} = 75$，$K_{i1} = 5.5$，$K_{d1} = 0.5$，$K_{p2} = 78$，$K_{i2} = 10.5$，$K_{d2} = 0.5$。

在两种控制律下的控制效果如图 8.12～图 8.15 所示。

图 8.12 给出了在两种控制律下的圆轨迹跟踪对比图，可以看出，在时变干扰下，两种控制律都能使履带式机器人跟踪至参考轨迹，但在自适应自调节 PID 控制律下，履带式水下清淤机器人能更早地跟踪上参考轨迹且跟踪曲线能够与参考轨迹高度重合；而在 PID 控制下履带式水下清淤机器人跟踪曲线较晚跟踪至参考轨迹，且未能与参考轨迹完全重合，这是由于受外界干扰的影响导致机器人在跟踪过程中轨迹出现偏差，这也证明了 PID 控制律对时变干扰鲁棒性差。因此，从

图 8.12 可以得出，在时变干扰下，自适应自调节 PID 的曲线跟踪效果优于 PID 控制的效果。

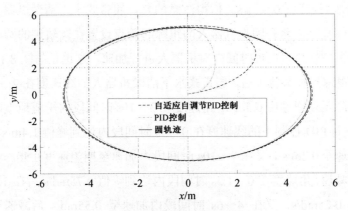

图 8.12　圆轨迹跟踪曲线对比图

通过图 8.13 可知，两种控制律下的位姿误差均在 10s 处完全收敛至零。其中，自适应自调节 PID 控制下的 x_e 相较于 PID 控制提前了 4s 收敛至零，θ_e 相较于 PID 控制提前了 2s 收敛至零，两种控制律下的 y_e 均在 10s 处收敛至零。但自适应自调节 PID 控制下的 3 个位姿误差均平滑地收敛至零，且未出现较大波动；反观 PID 控制下的 3 个位姿误差在收敛至零前均存在较大波动，且在收敛至零后仍然存在小幅度的波动，因此，自适应自调节 PID 控制律下的位姿误差收敛控制效果更好。

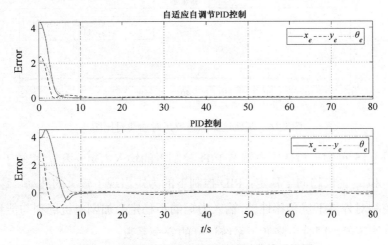

图 8.13　圆轨迹跟踪位姿误差历时曲线对比图

由图 8.14 可知，两种控制律都能使履带式清淤机器人达到参考速度，在自适应自调节 PID 控制下，机器人线速度在 0～2s 时间段达到峰值 2.2m/s，角速度在 0～3s 时间段达到峰值 0.8rad/s。值得注意的是，履带式水下清淤机器人的线速度与角速度峰值较高，这是因为机器人的跟踪起始点设置在圆轨迹的圆心处，为更快地跟踪到参考轨迹，在短时间内对机器人进行加速，这也正与图 8.14 所示的情况符合。在跟踪到参考轨迹后，履带式水下清淤机器人的线速度在 2～10s 时间段内平滑地下降至期望速度 0.5m/s，角速度在 3～10s 时间段内平滑地下降至期望速度 0.1rad/s。而 PID 控制下的线速度在 0～5s 时间段内达到峰值 1.4m/s 后在 5～7s 时间段内减速至 0.2m/s，又在 7～10s 时间段内加速至期望速度 0.5m/s，经历了两次加速一次减速，角速度在 0～1.5s 时间段内达到峰值 0.75rad/s 后在 1.5～4s 时间段内减速至 0.25rad/s，又在 4～6s 时间段内加速至 0.55rad/s 后减速至期望速度 0.1rad/s，经历了两次加速两次减速。而短时间内频繁加减速不利于电机保护，同时也增加了能耗，这证明了自适应自调节 PID 在节能环保方面的优势。

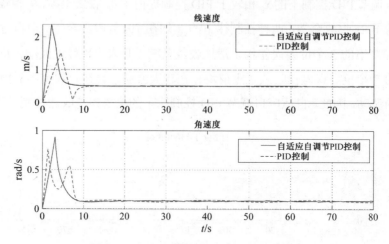

图 8.14　圆轨迹跟踪速度历时曲线对比图

由图 8.15 可知，自适应自调节 PID 控制下的输入力矩 u_1 和 u_2 相较于 PID 控制下的 u_v 和 u_ω 更快趋向于稳定；PID 控制下的力矩出现了较大的波动，这也验证了 PID 控制对外界干扰鲁棒性差，输入力矩的不稳定会加剧电机磨损与能量消耗，不利于节能环保，同时也降低了系统运行的安全系数。

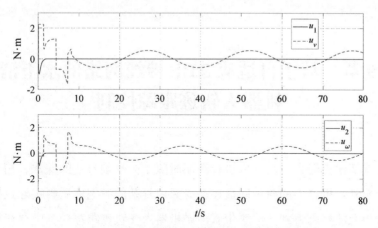

图 8.15　圆轨迹跟踪控制输入历时曲线对比图

综上所述，通过对图 8.8～图 8.15 给出的仿真结果分析可知，在直线与圆轨迹跟踪性能方面，自适应自调节 PID 控制下的轨迹跟踪、位姿误差收敛、速度跟踪以及控制输入效果均优于 PID 控制的效果，这是由于自适应自调节 PID 控制律能够自适应时变干扰且能自调节控制律的增益，而且，相较于 PID 控制，自适应自调节 PID 控制更节能更环保且安全系数更高。

8.3　本章小结

本章主要针对履带式水下清淤机器人轨迹跟踪控制中受未知时变扰动的影响进行鲁棒 PID 轨迹跟踪控制律设计。利用 Backstepping 控制方法设计运动学广义速度控制律作为动力学模型速度跟踪信号。针对未知扰动问题，设计自适应自调节 PID 控制律，可实现对未知扰动的有效估计，同时又能够对算法的增益进行自调节。通过仿真试验，与传统 PID 控制相比，自适应自调节 PID 控制的响应速度更快、调节精度更高、稳态性能更优，易于工程实现。

第9章 基于自适应RBF神经网络的水下清淤机器人轨迹跟踪控制

履带式清淤机器人在沉井内进行清淤时除了会受到时变的深水、相对较强的水流等影响外，机器人的履带底盘还会受井内复杂的淤泥地质影响导致履带底盘的摩擦力矩无法精确得到，即履带式清淤机器人在轨迹跟踪控制中存在模型动态不确定与未知有界扰动等问题，因此，本章侧重研究履带式清淤机器人轨迹跟踪中的模型动态不确定性与未知有界扰动问题。

针对模型动态不确定与未知有界扰动问题，通常是利用强鲁棒性的滑模控制方法来解决。为提高滑模控制方法的效率与精度，2021 年江道根等[241]利用扩张状态观测器实时监测不确定的模型动态及未知干扰，设计了一种快速终端抗干扰的滑模轨迹跟踪控制律。为提高控制效果，2021 年高兴泉等[242]引入粒子群算法对滑模轨迹跟踪控制律参数进行优化，通过仿真试验验证了该方法相较于人工整定参数的控制性能更优越。虽然滑模控制鲁棒性强，但是滑模控制的信号抖振不可避免，为抑制抖振，2020 年艾青林等[243]利用趋近律设计滑模轨迹跟踪控制律来抑制抖振，通过仿真试验验证了该控制律可有效抑制信号抖振。但是滑模控制在切换滑模面时产生的抖振是不可能完全消除的，这是由滑模控制律自身的结构决定的。为了更好地解决模型的动态不确定及未知有界干扰问题，许多学者利用神经网络控制方法来设计移动机器人的轨迹跟踪控制律，2019 年 Lan 等[244]利用神经网络来逼近不确定的模型动态，设计了一种自适应神经网络轨迹跟踪控制律。在鲁棒神经网络控制方面，2019 年 Tinh 等[245]针对侧滑、模型动态不确定和未知有界扰动存在下的移动机器人轨迹跟踪控制问题，提出了一种基于三层神经网络和在线调整权值的自适应神经网络轨迹跟踪控制律，通过仿真试验验证了控制律的有效性。虽然利用神经网络可以有效处理动态不确定和干扰不确定的轨迹跟踪控制问题，但是神经网络学习参数的数量过多会引起计算负载大的问题，从而降低控制系统的响应速度。因此，在神经网络在线处理模型动态不确定和干扰不确定问题上，如何优化神经网络参数学习的过程、减少参数学习的数量进而提高神经网络在线学习的效率、降低计算负载需要进一步研究。

本章针对模型动态不确定以及未知有界干扰下的履带式清淤机器人轨迹跟踪控制律设计问题，利用 RBF 神经网络重构不确定模型动态及未知扰动，同时考虑易于工程实现的要求，对神经网络学习参数的过程进行优化，提出了一种自适应 RBF 神经网络轨迹跟踪控制律，所提方法的优点可概括如下：

（1）利用深度信息 RBF 神经网络自适应方法重构不确定模型动态及未知扰动，提高轨迹跟踪控制律的鲁棒性能。

（2）在易于工程实现方面，引入最少学习参数（MLP）方法优化了 RBF 神经网络学习参数的过程，减少了学习参数的数量，降低了计算负载度。

9.1 问题描述

根据履带式清淤机器人运动数学模型式（6.58）和（6.59）可知，履带式清淤机器人运动数学模型可以表示为

$$\dot{q} = S(q)u \tag{9.1}$$

$$\bar{M}(q)\dot{u} + S^{\mathrm{T}}(q)\bar{F}(\dot{q}) = \bar{B}(q)\tau - S^{\mathrm{T}}(q)\tau_d \tag{9.2}$$

式中，$\bar{M}(q) = S^{\mathrm{T}}(q)M(q)S(q)$，$\bar{C}(q,q) = S^{\mathrm{T}}(q)[M(q)\dot{S}(q) + C(q,q)S(q)]$，$\bar{\tau}_d = S^{\mathrm{T}}(q)\tau_d$，$\bar{B}(q) = S^{\mathrm{T}}(q)B(q)$。系统运动学方程（9.1）可以表示为

$$\dot{q} = \begin{bmatrix} \dot{x} \\ \dot{y} \\ \dot{\theta} \end{bmatrix} = S(q)u = S(q)\begin{bmatrix} v \\ \omega \end{bmatrix} = \begin{bmatrix} \cos\theta & d\sin\theta \\ \sin\theta & -d\cos\theta \\ 0 & 1 \end{bmatrix}\begin{bmatrix} v \\ \omega \end{bmatrix} \tag{9.3}$$

式中，$u = \begin{bmatrix} v & \omega \end{bmatrix}^{\mathrm{T}}$ 为机器人速度及角速度二阶矩阵向量，即广义速度向量；

$S(q) = \begin{bmatrix} \cos\theta & d\sin\theta \\ \sin\theta & -d\cos\theta \\ 0 & 1 \end{bmatrix}$ 为变换矩阵。

由式（9.3）可以得到

$$\begin{bmatrix} \dot{v} \\ \dot{\omega} \end{bmatrix} = \bar{M}(q)^{-1}\bar{B}(q)\begin{bmatrix} \tau_1 \\ \tau_2 \end{bmatrix} - \begin{bmatrix} \tau_{dv} \\ \tau_{d\omega} \end{bmatrix} - \begin{bmatrix} \bar{F}_v(\dot{q}) \\ \bar{F}_\omega(\dot{q}) \end{bmatrix} \tag{9.4}$$

式中，$\begin{bmatrix} \tau_{dv} \\ \tau_{d\omega} \end{bmatrix} = \bar{M}(q)^{-1}\bar{\tau}_d$，$\begin{bmatrix} \bar{F}_v(\dot{q}) \\ \bar{F}_\omega(\dot{q}) \end{bmatrix} = \bar{M}(q)^{-1}S^T(q)\bar{F}(\dot{q})$。

进一步可得

$$\begin{bmatrix} \dot{v} \\ \dot{\omega} \end{bmatrix} = \begin{bmatrix} \dfrac{(\tau_1 + \tau_2)}{mr} - \tau_{dv} - \bar{F}_v(\dot{q}) \\ \dfrac{b(\tau_1 - \tau_2)}{Jr} - \tau_{d\omega} - \bar{F}_\omega(\dot{q}) \end{bmatrix} \tag{9.5}$$

令 $T_1 = \tau_1 + \tau_2$，$T_2 = \tau_1 - \tau_2$，$\beta_v = \dfrac{1}{mr}$，$\beta_\omega = \dfrac{b}{Jr}$，则式（9.5）可变为

$$\begin{bmatrix} \dot{v} \\ \dot{\omega} \end{bmatrix} = \begin{bmatrix} \beta_v T_1 - \tau_{dv} - \bar{F}_v(\dot{q}) \\ \beta_\omega T_2 - \tau_{d\omega} - \bar{F}_\omega(\dot{q}) \end{bmatrix} \tag{9.6}$$

虽然受控履带式清淤机器人模型中存在不确定系统项，而且受外界未知扰动影响，但是在实际工程中，履带式绞吸清淤机器人仍然可以被有效控制来进行施工，所以可作出如下假设：

假设 9.1：外界未知干扰、系统速度、加速度是光滑有界的，满足 $|\tau_{dv}| < \tau_{dv\max}$，$|\tau_{d\omega}| < \tau_{d\omega\max}$，其中，$\tau_{dv\max} > 0$，$\tau_{d\omega\max} > 0$，且均为常数。

假设 9.2：参考轨迹及其一阶导数均是有界的。

假设 9.3：履带式运动数学模型（9.5）的摩擦力矩阵 $\bar{F}(\dot{q})$ 是未知的。

9.2　控制器设计

履带式清淤机器人位姿误差方程如式（9.5）所示，设计轨迹跟踪控制律的第 1 步是设计运动学广义速度控制律，使式（9.5）中的位姿误差变量收敛至零；第 2 步是利用深度信息神经网络自适应方法重构不确定模型动态与未知扰动，并引入最少学习参数法降低计算法负载。控制律的设计流程图如图 9.1 所示，具体步骤如下：

第 1 步：设计运动学广义速度控制律。

沿用第 8 章中设计的运动学广义速度控制律（8.7）作为本节的运动学广义速度控制律，相关的稳定性证明前文已给出。

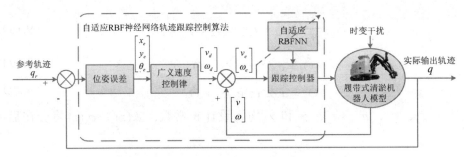

图 9.1　自适应 RBF 轨迹跟踪控制律设计流程

第 2 步：设计动力学跟踪控制律。

定义动力学速度跟踪误差变量

$$e_v = v_d - v \tag{9.7}$$

$$e_\omega = \omega_d - \omega \tag{9.8}$$

对式（9.7）和式（9.8）求导得

$$\dot{e}_v = \dot{v}_d - \dot{v} \tag{9.9}$$

$$\dot{e}_\omega = \dot{\omega}_d - \dot{\omega} \tag{9.10}$$

将式（9.6）代入到式（9.9）和式（9.10）中得

$$\dot{e}_v = \dot{v}_d - \beta_v T_1 + \tau_{dv} + \bar{F}_v(\dot{q}) \tag{9.11}$$

$$\dot{e}_\omega = \dot{\omega}_d - \beta_\omega T_2 + \tau_{d\omega} + \bar{F}_\omega(\dot{q}) \tag{9.12}$$

令 $h_v(z) = \bar{F}_v(\dot{q})$，$h_\omega(z) = \bar{F}_\omega(\dot{q})$。由于 $\bar{F}_v(\dot{q})$ 与 $\bar{F}_\omega(\dot{q})$ 均是未知动态不确定项，因此，用 RBF 神经网络在线重构 $h_v(z)$ 与 $h_\omega(z)$，可以得到

$$h_v(z) = W_1^{*\mathrm{T}} \psi_1(z) + \varepsilon_1 \tag{9.13}$$

$$h_\omega(z) = W_2^{*\mathrm{T}} \psi_2(z) + \varepsilon_2 \tag{9.14}$$

式中，W_1 与 W_2 是神经网络的权值矩阵；$\psi_1(z)$ 与 $\psi_2(z)$ 是神经网络函数；ε_1 与 ε_2 为神经网络的逼近误差，将式（9.13）和式（9.14）分别代入式（9.11）和式（9.12）得

$$\dot{e}_v = \dot{v}_d - \beta_v T_1 + W_1^{*\mathrm{T}} \psi_1(z) + \varepsilon_1 + \tau_{dv} \tag{9.15}$$

$$\dot{e}_\omega = \dot{\omega}_d - \beta_\omega T_2 + W_2^{*\mathrm{T}} \psi_2(z) + \varepsilon_2 + \tau_{d\omega} \tag{9.16}$$

根据式（9.15）和式（9.16），设计如下控制律及自适应律：

$$T_1 = \frac{1}{\beta_v}(\varsigma_1 e_v + a_1 e_v \hat{\Theta}_1 \phi_1^2(z) + \dot{v}_d) \tag{9.17}$$

$$T_2 = \frac{1}{\beta_\omega}(\varsigma_2 e_\omega + a_2 e_\omega \hat{\Theta}_2 \phi_2^2(z) + \dot{\omega}_d) \tag{9.18}$$

$$\dot{\hat{\Theta}}_1 = a_1 \phi_1^2(z) e_v^2 - \chi_1 \hat{\Theta}_1 \tag{9.19}$$

$$\dot{\hat{\Theta}}_2 = a_2 \phi_2^2(z) e_\omega^2 - \chi_2 \hat{\Theta}_2 \tag{9.20}$$

式中，ς_1、ς_2、a_1、a_2、χ_1 和 χ_2 均为设计正常数；$\phi_1(z)$、$\phi_2(z)$ 将会在后面给出。

选取如下 Lyapunov 函数：

$$V_3 = \frac{1}{2}e_v^2 + \frac{1}{2}e_\omega^2 + \frac{1}{2}(\tilde{\Theta}_1^2 + \tilde{\Theta}_2^2) \tag{9.21}$$

式中，$\tilde{\Theta}_i = \Theta_i - \hat{\Theta}_i$，$i = 1,2$；将式（9.21）求导数得

$$\dot{V}_3 = e_v \dot{e}_v + e_\omega \dot{e}_\omega - \tilde{\Theta}_1 \dot{\hat{\Theta}}_1 - \tilde{\Theta}_2 \dot{\hat{\Theta}}_2 \tag{9.22}$$

将式（9.15）和式（9.16）代入到式（9.22）中可得

$$\begin{aligned}\dot{V}_3 = &e_v(\dot{v}_d - \beta_v T_1 + W_1^{*T}\psi_1(z) + \varepsilon_1 + \tau_{dv}) \\ &+ e_\omega(\dot{\omega}_d - \beta_\omega T_2 + W_2^{*T}\psi_2(z) + \varepsilon_2 + \tau_{d\omega}) \\ &- \tilde{\Theta}_1 \dot{\hat{\Theta}}_1 - \tilde{\Theta}_2 \dot{\hat{\Theta}}_2\end{aligned} \tag{9.23}$$

根据假设 6.1 与假设 9.1，结合文献[246]中设计的深度信息神经网络自适应方法对模型动态不确定项及未知有界干扰进行重构，考虑到自适应神经网络需要在线学习参数，根据逼近原理，神经网络无法在线逼近时变干扰，另外，逼近误差是无法通过增加神经网络函数的节点数量完全消除的。也就是说，时变干扰和逼近误差会降低控制精度，除此之外，如果直接采用在线更新律估计神经网络的权重矩阵将会导致沉重的计算负载问题。为此，引入最少学习参数（MLP）法来优化神经网络参数学习过程，降低计算负载，可得

$$\left\|W_1^{*T}\psi_1(z) + \varepsilon_1 + \tau_{dv}\right\| \leqslant \left\|W_1^{*T}\right\|\left\|\psi_1(z)\right\| + \left|\varepsilon_1 + \tau_{dv}\right| = \Theta_1 \phi_1(z) \tag{9.24}$$

$$\left\|W_2^{*T}\psi_2(z) + \varepsilon_2 + \tau_{d\omega}\right\| \leqslant \left\|W_2^{*T}\right\|\left\|\psi_2(z)\right\| + \left|\varepsilon_2 + \tau_{d\omega}\right| = \Theta_2 \phi_2(z) \tag{9.25}$$

式中，$\Theta_1 = \max\left\{\left\|W_1^{*T}\right\|, \left|\varepsilon_1 + \tau_{dv}\right|\right\}$；$\Theta_2 = \max\left\{\left\|W_2^{*T}\right\|, \left|\varepsilon_2 + \tau_{d\omega}\right|\right\}$；$\phi_1(z) = \left\|\psi_1(z)\right\| + 1$；$\phi_2(z) = \left\|\psi_2(z)\right\| + 1$。由式（9.24）和式（9.25）可知，自适应神经网络学习参数明显减少。

结合自适应律（9.19）和（9.20）可得

$$\dot{V}_3 \leqslant e_v(\dot{v}_d - \beta_v T_1) + \Theta_1\phi_1(z)|e_v| + e_\omega(\dot{\omega}_d - \beta_\omega T_2) + \Theta_2\phi_2(z)|e_\omega| \qquad (9.26)$$
$$- \tilde{\Theta}_1 a_1 \phi_1^2(z)e_v^2 - \tilde{\Theta}_2 a_2 \phi_2^2(z)e_\omega^2 + \chi_1\tilde{\Theta}_1\hat{\Theta}_1 + \chi_2\tilde{\Theta}_2\hat{\Theta}_2$$

根据杨氏不等式，有

$$\Theta_1\phi_1(z)|e_v| \leqslant a_1\Theta_1\phi_1^2(z)e_v^2 + \frac{\Theta_1}{4a_1} \qquad (9.27)$$

$$\Theta_2\phi_2(z)|e_\omega| \leqslant a_2\Theta_2\phi_2^2(z)e_\omega^2 + \frac{\Theta_2}{4a_2} \qquad (9.28)$$

$$\tilde{\Theta}_1\hat{\Theta}_1 = \tilde{\Theta}_1(\Theta_1 - \tilde{\Theta}_1) \leqslant -\frac{\tilde{\Theta}_1^2}{2} + \frac{\Theta_1^2}{2} \qquad (9.29)$$

$$\tilde{\Theta}_2\hat{\Theta}_2 = \tilde{\Theta}_2(\Theta_2 - \tilde{\Theta}_2) \leqslant -\frac{\tilde{\Theta}_2^2}{2} + \frac{\Theta_2^2}{2} \qquad (9.30)$$

式中，a_1、a_2 为正的控制律参数。

将控制律（9.17）～（9.19）及式（9.27）～式（9.29）代入到式（9.26）中可得

$$\dot{V}_3 \leqslant -\varsigma_1 e_v^2 - a_1\hat{\Theta}_1\phi_1^2(z)e_v^2 + a_1\Theta_1\phi_1^2(z)e_v^2 + \frac{\Theta_1}{4a_1}$$
$$- \varsigma_2 e_\omega^2 - a_2\hat{\Theta}_2\phi_2^2(z)e_\omega^2 + a_2\Theta_2\phi_2^2(z)e_\omega^2 + \frac{\Theta_2}{4a_2} \qquad (9.31)$$
$$- \tilde{\Theta}_1 a_1 \phi_1^2(z)e_v^2 - \tilde{\Theta}_2 a_2 \phi_2^2(z)e_\omega^2 + \chi_1\tilde{\Theta}_1\hat{\Theta}_1 + \chi_2\tilde{\Theta}_2\hat{\Theta}_2$$

对式（9.31）进行整理得

$$\dot{V}_3 \leqslant -\varsigma_1 e_v^2 - \varsigma_2 e_\omega^2 + \frac{\Theta_1}{4a_1} + \frac{\Theta_2}{4a_2} + \chi_1\tilde{\Theta}_1\hat{\Theta}_1 + \chi_2\tilde{\Theta}_2\hat{\Theta}_2 \qquad (9.32)$$

将式（9.29）和式（9.30）代入到式（9.32）中得

$$\dot{V}_3 \leqslant -\varsigma_1 e_v^2 - \varsigma_2 e_\omega^2 - \frac{\chi_1\tilde{\Theta}_1^2}{2} - \frac{\chi_2\tilde{\Theta}_2^2}{2} + \frac{\Theta_1}{4a_1} + \frac{\Theta_2}{4a_2} + \frac{\chi_1\Theta_1^2}{2} + \frac{\chi_2\Theta_2^2}{2} \qquad (9.33)$$
$$\leqslant -\mu V_3 + \Delta$$

式中，$\mu = \min\{2\varsigma_1, 2\varsigma_2, 2\chi_1, 2\chi_2\}$，$\Delta = \frac{\Theta_1}{4a_1} + \frac{\Theta_2}{4a_2} + \frac{\chi_1\Theta_1^2}{2} + \frac{\chi_2\Theta_2^2}{2}$。

9.3　稳定性分析

广义速度控制律的稳定性分析在第 8 章已给出，这里不再赘述。

根据上述的设计与分析，本章提出的自适应 RBF 神经网络跟踪控制律可总结为如下定理：

定理 9.1：在假设 9.1 下，针对存在模型动态不确定性和未知时变干扰的履带式清淤机器人轨迹跟踪控制问题，设计控制律（9.17）～（9.18）及其自适应控制律（9.19）和（9.20）能使履带式清淤机器人跟踪广义速度控制律 $[v_d \quad \omega_d]^T$，并且还能保证闭环轨迹跟踪控制系统的其他所有信号是有界的。通过选择适当的参数 ς_1、ς_2、a_1、a_2、χ_1 和 χ_2，可使履带式清淤机器人跟踪误差调节到一个较小的邻域内。

证明：求解式（9.33），有

$$0 \leqslant V_3 \leqslant \frac{\Delta}{\mu} + [V_3(0) - \frac{\Delta}{\mu}]e^{-\mu t} \tag{9.34}$$

式中，$V_3(0)$ 是 V_3 的初始值。从式（9.34）可知，当 $\lim_{t \to \infty} V_3 \leqslant \Delta/\mu$，证明 V_3 是有界的，V_3 的有界性可以证明 e_v、e_ω、$\tilde{\Theta}_1$ 和 $\tilde{\Theta}_2$ 也是有界的，因此 $\hat{\Theta}_1$ 和 $\hat{\Theta}_2$ 也是有界的，因为广义速度控制律（8.7）是有界的，所以 $\dot{v}_d$ 和 $\dot{\omega}_d$ 也是有界的。结合假设 9.1～假设 9.3，由 RBF 神经网络逼近原理可知 $\psi_1(z)$ 和 $\psi_2(z)$ 是有界的，那么 $\phi_1(z)$ 和 $\phi_1(z)$ 也是有界的，所以控制律（9.17）～（9.18）和自适应控制律（9.19）和（9.20）也是有界的，因此，闭环轨迹跟踪控制系统内的所有信号是有界的。

9.4　仿真试验及对比分析

设置机器人主要参数为 $m = 5\text{kg}$，$r = 0.05\text{m}$，$b = 0.5\text{m}$，$J = 2.5\text{kg} \cdot \text{m}^2$，$d = 0.05\text{m}$；利用零均值高斯白噪声来模拟不确定模型动态和外界未知干扰；用于在线逼近不确定模型动态 $\bar{F}_v(\dot{q})$ 的 RBF 神经网络 $W_1^{*T}\psi_1(z)$ 的基函数节点数选为 15，其节点中心 $l_{1,j}(j = 1, \cdots, 20)$ 平均分布在 $[-2,2]$ 上，宽度 $\eta_{1,j} = 1(j = 1, \cdots, 20)$。用于在线逼近不确定模型动态 $\bar{F}_\omega(\dot{q})$ 的 RBF 神经网络 $W_2^{*T}\psi_2(z)$ 的基函数节点数选为 15，其节点中心 $l_{2,j}(j = 1, \cdots, 20)$ 平均分布在 $[-2,2]$ 上，宽度 $\eta_{2,j} = 1(j = 1, \cdots, 20)$；仿真时间选为 80s。所设计的控制律与文献[247]中所提到的积分滑模控制进行对比，选取传统积分滑模切换面为

$$S_v = e_v + \lambda_v \int e_v \text{d}t \tag{9.35}$$

$$S_\omega = e_\omega + \lambda_\omega \int e_\omega \mathrm{d}t \qquad (9.36)$$

所设计的控制律为

$$T_v = \frac{1}{\beta_v}\left(\dot{v}_d + \lambda_v e_v + g_v S_v\right) \qquad (9.37)$$

$$T_\omega = \frac{1}{\beta_\omega}\left(\dot{\omega}_d + \lambda_\omega e_\omega + g_\omega S_\omega\right) \qquad (9.38)$$

式中，λ_v、g_v、λ_ω、g_ω 均为正的控制律参数。

本章以直线和圆两种参考轨迹进行控制律轨迹跟踪仿真验证，主要以跟踪轨迹历时曲线、位姿误差收敛历时曲线、速度跟踪历时曲线以及控制输入历时曲线来细致地分析控制律的轨迹跟踪性能。

案例 1：以直线作为期望参考轨迹，设置轨迹方程为 $x(t)=t$，$y(t)=t$，$\theta(t)=\dfrac{\pi}{4}$；设置广义速度控制律为 $\alpha_1 = 0.5$，$\alpha_2 = 0.5$，$k_1 = 5.5$，$k_2 = 2.5$；设置参考速度为 $v_r = \sqrt{2}\mathrm{m/s}$，$\omega_r = 0\mathrm{rad/s}$；初始位置设为 $x(0)=1\mathrm{m}$，$y(0)=6\mathrm{m}$，$\theta(0)=5°$；设置控制律参数为 $\varsigma_1 = 45$，$\varsigma_2 = 0.5$，$a_1 = 5$，$a_2 = 2$，$\chi_1 = 5$，$\chi_2 = 2$；设置传统滑模的控制参数为 $\lambda_v = 0.5$，$g_v = 0.5$，$\lambda_\omega = 0.05$，$g_\omega = 4.55$。

在两种控制律下的控制效果如图 9.2～图 9.5 所示。

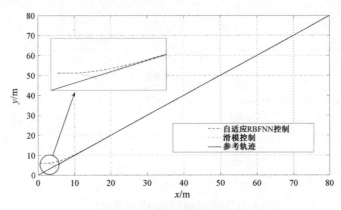

图 9.2　直线轨迹跟踪对比图

由图 9.2 可知，在模型动态不确定和时变干扰下，两种控制律都能使履带式清淤机器人跟踪至参考轨迹，其中，在自适应 RBF 神经网络控制下的履带式清淤机器人可较为平滑地跟踪到参考轨迹；而在滑模控制下的履带式清淤机器人在跟踪到参考轨迹前出现了小幅度偏移再回到跟踪轨迹上的情况，如图 9.2 中放大处所示。从图 9.2 的整体来看，履带式清淤机器人在跟踪至参考轨迹后，滑模控制下的轨迹存在小幅度的起伏，反观自适应 RBF 神经网络控制下的轨迹更贴合参考轨迹。因此，自适应 RBF 神经网络控制下的直线跟踪性能优于滑模控制。

由图 9.3 可知，在模型动态不确定和时变干扰下，两种控制律下的轨迹跟踪位姿误差都能够收敛至零。通过对比发现，自适应 RBF 神经网络控制下的轨迹跟踪位姿误差在 12s 左右收敛至零，而滑模控制下的轨迹跟踪位姿误差在 10s 处收敛至零，虽然在误差收敛速度上稍快于自适应 RBF 神经网络控制，但在自适应 RBF 神经网络控制下的 3 个位姿误差收敛较滑模控制更为平滑，且在收敛至零后未出现明显起伏，而在滑模控制下的 3 个位姿误差收敛至零后仍然存在小幅度的起伏，这是由于滑模控制需要处理模型动态不确定和时变干扰问题，在到达滑动模态前会出现较大的轨迹跟踪偏差，是在切换滑动模态时出现抖振造成的。因此，在模型动态不确定和时变干扰问题的处理上，自适应 RBF 神经网络控制的误差收敛效果和稳态性能要优于滑模控制。

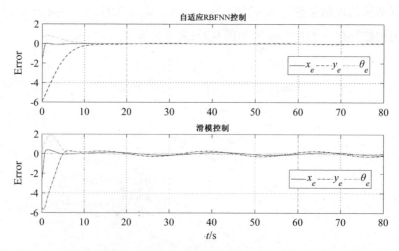

图 9.3　直线轨迹跟踪误差历时曲线对比图

从图 9.4 可以看出，两种控制律下履带式清淤机器人都到了期望速度。通过对比发现，在自适应 RBF 神经网络的控制下，机器人线速度和角速度分别于 10s 处和 12s 处到达期望速度并趋于稳定；在滑模控制下，机器人线速度和角速度分别于 10s 处和 11s 处达到期望速度并趋于稳定。但从跟踪效果来看，滑模控制下的履带式清淤机器人的线速度在 0～2s 时间段内达到峰值 5m/s 后在 2～10s 经过急减速和缓增速至期望速度；角速度在 0～4s 时间段内达到峰值 0.7rad/s，在 4～11s 时间段内经过减速和缓增速达到期望速度。反观自适应 RBF 神经网络控制下的履带式清淤机器人的线速度与角速度均平滑地达到了期望速度，未出现急加速与急减速的情况，有利于电机的保护和节能。因此，自适应 RBF 神经网络控制下的速度跟踪和节能安全性能均优于滑模控制。

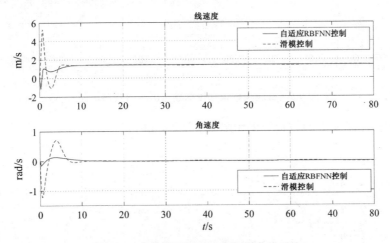

图 9.4　直线轨迹跟踪速度历时曲线对比

从图 9.5 中可以直观地看到两种控制律下的输入力矩对比，且两种控制律下的 T_1 和 T_v 输入力矩曲线差别不大，均在短时间内达到稳定，区别在于滑模控制下的力矩在稳定后出现了轻微的起伏。滑模控制下的输入力矩 T_ω 相较于自适应 RBF 神经网络控制下的输入力矩 T_2 在稳定前出现了较大的波动，而且在稳定后存在轻微的起伏。因此，自适应 RBF 神经网络控制的稳态性能优于滑模控制。

　　案例 2：以半径为 5m 的圆轨迹作为参考轨迹，设置轨迹方程设为 $x_r = 5\sin\theta_r - 0.25\cos\theta_r$，$y_r = -5\cos\theta_r - 0.25\sin\theta_r$，$\theta(t) = 0.1t + \dfrac{3}{4}\pi$；设置广义速度控制律参数为 $\alpha_1 = 0.5$，$\alpha_2 = 0.5$，$k_1 = 0.45$，$k_2 = 2$；设置参考速度设为 $v_r = 0.5\text{m/s}$，$\omega_r = 0.1\text{rad/s}$；设置初始位置为 $x(0) = 0$，$y(0) = 0$，$\theta(0) = 5°$；设置自适应 RBF 控制律参数为 $\varsigma_1 = 45$，$\varsigma_2 = 0.5$，$a_1 = 5$，$a_2 = 25$，$\chi_1 = 40$，$\chi_2 = 2$；

设置传统滑模控制参数为 $\lambda_v = 0.5$，$g_v = 0.5$，$\lambda_\omega = 0.01$，$g_\omega = 56$。

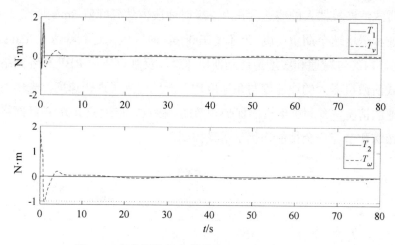

图 9.5　直线轨迹跟踪控制输入历时曲线对比图

在两种控制律下的控制效果如图 9.6～图 9.9 所示。

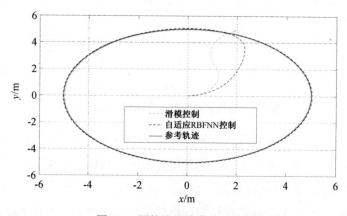

图 9.6　圆轨迹跟踪曲线对比图

由图 9.6 可知，在模型动态不确定和时变干扰下，两种控制律都能使履带式清淤机器人跟踪至参考轨迹。通过对比两种控制律的跟踪效果（图 9.7）可知，两种控制律下的机器人几乎同时跟踪到参考轨迹。其中，滑模控制下的跟踪轨迹在到达参考轨迹后出现了小幅度超调，自适应 RBF 神经网络控制下的跟踪轨迹平滑地跟踪到参考轨迹且未出现超调，而且自适应 RBF 神经网络控制下的跟踪轨迹与参考轨迹重合度更高。因此，从轨迹跟踪曲线来看，自适应 RBF 神经网络控制效果优于滑模控制。

从图 9.7 可知,两种控制律均使位姿误差收敛至零。其中,自适应 RBF 神经网络控制下的 3 个位姿误差在 7s 处全部收敛至零,相较于滑模控制提前了 3s,其中 x_e 在 5s 处收敛至零,相较于滑模控制提前了 5s;y_e 和 θ_e 均在 7s 处收敛至零,相较于滑模控制稍慢了 2s。但从误差收敛效果来看,自适应 RBF 神经网络控制下的 y_e 和 θ_e 均平滑地收敛至零,而在滑模控制下的 y_e 和 θ_e 均在收敛至零的过程中出现了较大的起伏。因此,自适应 RBF 神经网络在动态不确定和时变干扰下的误差收敛效果要优于滑模控制。

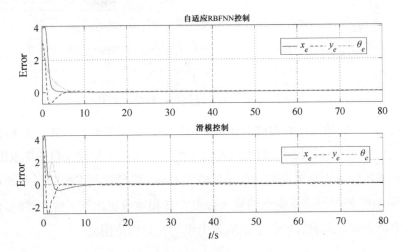

图 9.7　圆轨迹跟踪误差历时曲线对比图

通过图 9.8 可知,在模型动态不确定和时变干扰下,两种控制律均使履带式清淤机器人跟踪到期望速度。其中,在自适应 RBF 神经网络控制下,机器人线速度在 0～2s 时间段内达到峰值 4.2m/s,在 2～5s 时间段内降速至期望速度 0.5m/s;角速度在 0～1.5s 时间段内达到峰值 1.6rad/s,在 1.5～10s 内降速至期望速度 0.1rad/s,出现峰值较高的情况是为了使履带式清淤机器人更快地跟踪至参考轨迹上,虽然滑模控制下的线速度与角速度未出现较大的峰值,但在线速度跟踪上比自适应 RBF 神经网络控制晚 5s 到达期望速度。而且在跟踪至期望速度后,滑模控制下的机器人的线速度与角速度曲线均存在波动,而自适应 RBF 神经网络控制下的机器人的线速度与角速度均未出现波动,平稳地到达期望终点。因此,在速度跟踪控制上，自适应 RBF 神经网络控制要优于滑模控制，速度跟踪的稳态性能也优于滑模控制。

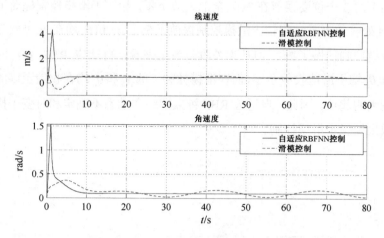

图 9.8　圆轨迹跟踪速度历时曲线对比图

通过图 9.9 的输入历时曲线对比可知，两种控制律下的 T_1、T_2、T_v 和 T_ω 输入力矩均在短时间内达到稳定，但滑模控制下的输入力矩 T_v 相较于自适应 RBF 神经网络控制下的输入力矩 T_1 在稳定前出现较大波动；滑模控制下的输入力矩 T_ω 相较于自适应 RBF 神经网络控制下的输入力矩 T_2 在稳定前也出现了较大波动，但从控制性能方面来说，两种控制律下的输入力矩均在合理范围内。

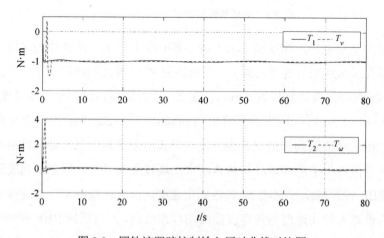

图 9.9　圆轨迹跟踪控制输入历时曲线对比图

综上所述，通过图 9.2～图 9.9 中的直线与圆形轨迹跟踪控制结果来看，自适应 RBF 神经网络控制比滑模控制跟踪要更优，这是由于在设计自适应 RBF 神经网络控制律时利用了深度信息神经网络自适应方法重构了模型的动态不确定和扰动，采用了最少学习参数法来降低计算负载度提高控制精度。而滑模控制依赖于滑动模态来迫使系统按照状态轨迹运动来抑制模型动态不确定和扰动，但却在切换控制时控制信号易产生抖振影响控制效果。另一方面，从节能环保方面来说，自适应 RBF 神经网络控制的能耗低于滑模控制。

9.5　本章小结

本章主要针对履带式清淤机器人轨迹跟踪控制中受模型动态不确定性和未知有界扰动的影响，提出了一种自适应 RBF 神经网络控制律的设计方法，利用深度信息神经网络自适应方法重构不确定的模型动态和未知扰动，并利用最少学习参数（MLP）的方法优化 RBF 神经网络学习参数的过程，有效减少了学习参数的数量，降低了计算负载度，易于工程实现，并通过仿真试验验证了控制律的有效性。

第 10 章　基于自适应滑模观测器的水下清淤机器人轨迹跟踪控制

10.1　问题描述

中国海工作业的太平洋环境下洋底沉积物密度大约在 1.2～1.3t/m³，其颗粒直径约为 0.001～0.1mm，在洋底 0～15cm 处含水率为 220%～500%，超过 15cm 深度大约 220%，并且此含水量的淤泥将保持近 200m 的深度，沉井作业工作范围在 100m 的范围内，并在海水洋流的水平流动和铅直流动的综合作用下，履带式清淤机器人在淤泥上移动作业无法对摩擦力精确建模，且自身机械臂的作业过程同样会给机器人带来扰动，所以轨迹控制系统需要对外界扰动有合适的鲁棒特性，并对外界扰动所造成的阶跃输入有快速的跟踪修正能力。

神经网络技术以其对于系统未知项优秀的逼近能力在机器人控制问题中得到了广泛应用。在文献[248-249]中，神经网络通常用于补偿非线性和不确定性的影响，但是由于完整的神经网络控制需要大量训练集的输入并进行系统训练，对于随机时变的系统并没有太大的工程意义。参考文献[250]提出了一种补偿神经网络逼近误差的自适应控制方案。该方案比传统神经网络具有更好的动态特性和鲁棒性。因为水下作业受很多不确定干扰等因素影响，常用控制方案已不能满足控制要求。文献[251-252]采用了 RBF 自适应神经网络学习系统不确定性的上界，用神经网络的输出自适应调整控制率的切换增益，保证了滑模面渐进稳定，但自适应神经网络的在线学习会引起计算负载。

本章根据水下清淤机器人的精确跟踪提供了一种可行的解决方案。考虑到质心和几何中心不重合情况、系统摩擦力矩阵无法精确建模以及外界未知有界扰动的影响，建立了运动学及动力学运动模型，利用终端滑模观测器在有限时间内逼近外界扰动，利用自适应神经网络万能逼近能力估计未建模项，利用动态面技术防止维度爆炸，通过 Lyapunov 第二理论验证控制系统的稳定性，根据仿真结果表

明了机器人可在所设计的自适应神经网络控制器的控制下平滑且快速地到达期望
轨迹。控制结构如图 10.1 所示。

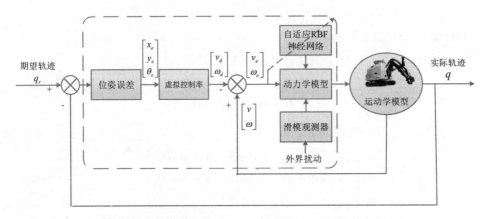

图 10.1　基于自适应滑模观测器的水下清淤机器人轨迹跟踪控制设计流程

10.2　控制器设计

步骤 1：设计运动学控制器。

将本体局部坐标系转化为世界坐标系，并计算世界坐标系下误差微分方程。
图 10.2 所示为行进中真实位置 D 即 $q = [x, y, \theta]^T$ 与期望位置 A 即 $q_r = [x_r, y_r, \theta_r]^T$ 的
几何关系。

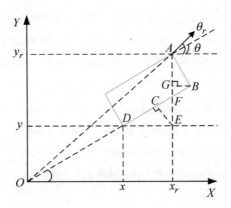

图 10.2　机器人位姿误差示意图

由图 10.2 可知，令 $\sin\theta = t_1$，$\cos\theta = t_2$，$|CF| = |BD|t_1$，$|CB| = |CF| + |BF| = (|AF| + |EF|)t_1$，$|DC| = |DE|t_2$，$|FE| + |CB| = |FB|t_2$，$|BC| = |AB|t_1$。$x_e = |DC| + |BC|$，$y_e = |FB|t_2 - |AB|t_1$。

整理上式得跟踪误差公式：

$$\begin{bmatrix} x_e \\ y_e \\ \theta_e \end{bmatrix} = \begin{bmatrix} t_2 & t_1 & 0 \\ -t_1 & t_2 & 0 \\ 0 & 0 & 1 \end{bmatrix} \begin{bmatrix} x_r - x \\ y_r - y \\ \theta_r - \theta \end{bmatrix} \tag{10.1}$$

针对式（10.1），对时间求微分，整理得

$$\begin{bmatrix} \dot{x}_e \\ \dot{y}_e \\ \dot{\theta}_e \end{bmatrix} = \begin{bmatrix} -v + y_e\omega + v_r\cos\theta_e + d\omega_r\sin\theta_e \\ -x_e\omega + d\omega + v_r\sin\theta_e - d\omega_r\cos\theta_e \\ \omega_r - \omega \end{bmatrix} \tag{10.2}$$

由式（10.2）可知，机器人轨迹跟踪控制的控制目标是设计合适的期望速度以使 $\|(x_e \quad y_e \quad \theta_e)\| \to 0$，所以，机器人运动学轨迹跟踪控制问题又转换为 $[x_e \quad y_e \quad \theta_e]^{\mathrm{T}}$ 的镇定问题。

取 Lyapunov 函数为

$$V = \frac{1}{2}S_x^{\,2} + \frac{1}{2}S_y^{\,2} + S_\theta \tag{10.3}$$

式中，$S_x = x_e - d + d\cos\theta_e$，$S_y = y_e + d\sin\theta_e + \theta_e$，$S_\theta = k_1(1 - \cos\theta_e)$。其中，$k_1 > 0$，为控制器参数。

针对式（10.3），对时间求导得

$$\begin{aligned}
\dot{V} &= S_x(\dot{x}_e - d\dot{\theta}_e\sin\theta_e) + S_y(\dot{y}_e + d\dot{\theta}_e\cos\theta_e + \dot{\theta}_e) + k_1\dot{\theta}_e\sin\theta_e \\
&= S_x(y_e\omega - v + v_r\cos\theta_e + d\omega_r\sin\theta_e - d\omega_r\cos\theta_e + d\omega\sin\theta_e) \\
&\quad + S_y(-x_e\omega + d\omega + v_r\sin\theta_e - d\omega_r\sin\theta_e + d\omega_r\cos\theta_e - d\omega\cos\theta_e + \omega_r - \omega) \\
&\quad + k_1\sin\theta_e(\omega_r - \omega)
\end{aligned} \tag{10.4}$$

化简并代入 S_x、S_y 和 S_θ 整理得

$$\begin{aligned}
\dot{V} &= (x_e - d + d\cos\theta_e)(-v + v_r\cos\theta_e - \omega\theta_e) \\
&\quad + (y_e + d\sin\theta_e + \theta_e)v_r\sin\theta_e \\
&\quad + (y_e + d\sin\theta_e + \theta_e + k_1\sin\theta_e)(\omega_r - \omega)
\end{aligned} \tag{10.5}$$

设计中间控制律 α_u 为

$$\alpha_u = \begin{bmatrix} v_r \cos\theta_e - \omega\theta_e + k_2(x_e - d + d\cos\theta_e) \\ \omega_r + v_r\left(\alpha\dfrac{(y_e + d\sin\theta_e + \theta_e)}{k_1} + \beta\sin\theta_e\right) \end{bmatrix} \tag{10.6}$$

步骤 2：设计动态面。

为了避免因为多次微分产生的"维度爆炸"问题，并结合反步思想，首先将运动学控制律看作虚拟控制律，然后加入 DSC 动态面技术[*]，可得新虚拟控制律为

$$\alpha_\gamma = \begin{bmatrix} v_\gamma \\ \omega_\gamma \end{bmatrix} = \begin{bmatrix} v_d - \tau_v\dot{v}_\gamma \\ \omega_d - \tau_\omega\dot{\omega}_\gamma \end{bmatrix} \tag{10.7}$$

式中，τ_v 与 τ_ω 是时间常数。

步骤 3：设计动力学控制器。

假设 1：外界环境干扰、系统速度、加速度是有界的，而且在 $t \in R^+$ 是光滑的；作用于机器人本身的干扰力/力矩 $\mu = \begin{bmatrix} \mu_v \\ \mu_\omega \end{bmatrix}$ 的导数是有界的；$\|\dot{\mu}\| \leqslant H$，H 为未知正常数。

假设 2：用于逼近未知向量的 RBF 神经网络权重 W^* 有界，也就是存在正的常数 W_M，使 $\|W^*\| \leqslant W_M$。

对 τ_d 设置基于终端滑模的干扰观测器。

$$\dot{Y} = \begin{bmatrix} \dot{v} \\ \dot{\omega} \end{bmatrix} = \begin{bmatrix} \beta_v T_1 - \tau_{dv} - \bar{F}_v(\dot{q}) \\ \beta_\omega T_2 - \tau_{d\omega} - \bar{F}_\omega(\dot{q}) \end{bmatrix} = [\beta T - \tau_d - \bar{F}(\dot{q})] \tag{10.8}$$

令 $h_v(z) = \bar{F}_v(\dot{q})$，$h_\omega(z) = \bar{F}_\omega(\dot{q})$。由于 $\bar{F}_v(\dot{q})$ 与 $\bar{F}_\omega(\dot{q})$ 均是未知的，无法直接用于控制器的设计。因此，用 RBF 神经网络逼近未知非线性函数 $h_v(z)$ 与 $h_\omega(z)$，那么，可以得到

$$h_v(z) = W_1^{*\mathrm{T}}\psi_1(z) + \varepsilon_1 \tag{10.9}$$

$$h_\omega(z) = W_2^{*\mathrm{T}}\psi_2(z) + \varepsilon_2 \tag{10.10}$$

式中，W_1 与 W_2 是神经网络的一种权值矩阵；$\psi_1(z)$ 与 $\psi_2(z)$ 是神经网络函数；ε_1 与 ε_2 分别是神经网络逼近误差。将式（10.9）和式（10.10）分别代入式（10.8）得

$$\dot{Y} = \begin{bmatrix} \dot{v} \\ \dot{\omega} \end{bmatrix} = \begin{bmatrix} \beta_v T_1 - \tau_{dv} - W_1^{*\mathrm{T}}\psi_1(z) - \varepsilon_1 \\ \beta_\omega T_2 - \tau_{d\omega} - W_2^{*\mathrm{T}}\psi_2(z) - \varepsilon_2 \end{bmatrix} \tag{10.11}$$

令 $\mu_v = \tau_{dv} + \varepsilon_1$，$\mu_\omega = \tau_{d\omega} + \varepsilon_2$

$$\dot{Y} = \begin{bmatrix} \dot{v} \\ \dot{\omega} \end{bmatrix} = \begin{bmatrix} \beta_v T_1 - W_1^{*\mathrm{T}}\psi_1(z) - \mu_v \\ \beta_\omega T_2 - W_2^{*\mathrm{T}}\psi_2(z) - \mu_\omega \end{bmatrix} \tag{10.12}$$

对 μ_v 设置基于终端滑模的干扰观测器。

$$\dot{Y}_v = \dot{v} = \beta_v T_1 - W_1^{*\mathrm{T}}\psi_1(z) - \mu_v \tag{10.13}$$

$$\Delta_v = Y_v - \hat{Y}_v \tag{10.14}$$

$$\dot{\hat{Y}}_v = \beta_v T_1 - W_1^{*\mathrm{T}}\psi_1(z) - \hat{\mu}_v \tag{10.15}$$

设置滑模切换面为 Δ_v。

$$S_v = \Delta_v + b_1\dot{\Delta}_v^\eta \tag{10.16}$$

$$\dot{\hat{\mu}}_v = \frac{1}{\eta b_1}\dot{\Delta}_v^{2-\eta} + k_4 S_v + (k_5 + \hat{H}_v)sign(S_v) \tag{10.17}$$

$$\dot{\hat{H}}_v = \eta\zeta_1 b_1\dot{\Delta}_v^{\eta-1}|S_v| \tag{10.18}$$

式中，$\hat{Y}$、Δ_v 分别为动力学模型 Y 的估计和动力学模的估计误差；$\hat{\mu}_v$、$\hat{H}_v$ 分别为 μ_v、H 的估计；$b_1 > 0$；η 正数，且 $1 < \eta < 2$；k_4、k_5、ζ_1 为正常数。将式（10.14）求导得

$$\dot{\Delta}_v = \dot{Y}_v - \dot{\hat{Y}}_v \tag{10.19}$$

将式（10.13）和式（10.15）代入式（10.19）得

$$\dot{\Delta}_v = \dot{Y}_v - \dot{\hat{Y}}_v = \mu_v - \hat{\mu}_v \tag{10.20}$$

$$\ddot{\Delta}_v = \dot{\mu}_v - \dot{\hat{\mu}}_v \tag{10.21}$$

对 S_v 求导可得

$$\begin{aligned} \dot{S}_v &= \dot{\Delta}_v + \eta b_1\dot{\Delta}_v^{\eta-1}\ddot{\Delta}_v \\ &= \dot{\Delta}_v + \eta b_1\dot{\Delta}_v^{\eta-1}(\dot{\mu}_v - \dot{\hat{\mu}}_v) \end{aligned} \tag{10.22}$$

将式（10.17）代入式（10.22）得

$$\dot{S}_v = \eta b_1\dot{\Delta}_v^{\eta-1}[\dot{\mu}_v - k_4 S_v - (k_5 + \hat{H}_v)sign(S_v)] \tag{10.23}$$

对观测器进行稳定性分析，定义估计误差，设置 Lyapunov 函数为

$$V_{\mu_v} = \frac{1}{2}S_v^2 + \frac{1}{2\zeta}\tilde{H}_v^2 \tag{10.24}$$

对 V_{μ_v} 求导可得

$$\dot{V}_{\mu_v} = S_v \dot{S}_v - \frac{1}{\zeta_1} \tilde{H}_v \dot{\tilde{H}}_v$$

$$= -k_4 \eta b1 \dot{\Delta}_v{}^{\eta-1} S_v{}^2 - k_5 \eta b1 \dot{\Delta}_v{}^{\eta-1} |S_v|$$

$$\quad - \frac{1}{\zeta_1} \tilde{H}\dot{\tilde{H}} + \eta b1 \dot{\Delta}_v{}^{\eta-1} (S_v \dot{\mu}_v - |S_v|\hat{H})$$

$$\leqslant -k_4 \eta b1 \dot{\Delta}_v{}^{\eta-1} S_v{}^2 - k_5 \eta b1 \dot{\Delta}_v{}^{\eta-1} |S_v| \qquad (10.25)$$

$$\quad - \frac{1}{\zeta_1} \tilde{H}\dot{\tilde{H}} + \eta b1 \dot{\Delta}_v{}^{\eta-1} (|S_v|H - |S_v|\hat{H})$$

$$= -k_4 \eta b1 \dot{\Delta}_v{}^{\eta-1} S_v{}^2 - k_5 \eta b1 \dot{\Delta}_v{}^{\eta-1} |S_v| - \frac{1}{\zeta_1} \tilde{H}\dot{\tilde{H}} + \eta b1 \dot{\Delta}_v{}^{\eta-1} |S_v|\tilde{H}$$

将式（10.19）代入式（10.25）可得

$$\dot{V}_{\mu_v} \leqslant -k_4 \eta b1 \dot{\Delta}_v{}^{\eta-1} S_v{}^2 - k_5 \eta b1 \dot{\Delta}_v{}^{\eta-1} |S_v| \qquad (10.26)$$

因为 $V_{\mu_v} < 0$，所以观测器是稳定的，并且系统状态在有限时间内收敛到滑模面 $S_v = 0$，所以系统可以在有限时间内完全估计 μ_v，使 $\mu_v = \hat{\mu}_v$，并针对 μ_ω 同理设计观测器（10.27）和（10.28），使系统可以在有限时间内估计到，使 $\mu_\omega = \hat{\mu}_\omega$。

$$\dot{\hat{\mu}}_\omega = \frac{1}{\eta b_2} \dot{\Delta}^{2-\eta} + k_4 S_\omega + (k_5 + \hat{H}_\omega) sign(S_\omega) \qquad (10.27)$$

$$\dot{\hat{H}}_\omega = \eta \zeta_2 b_2 \dot{\Delta}_\omega{}^{\eta-1} |S_\omega| \qquad (10.28)$$

定义误差变量

$$e_v = v_\gamma - v \qquad (10.29)$$

$$e_\omega = \omega_\gamma - \omega \qquad (10.30)$$

$$\dot{e}_v = \dot{v}_\gamma - \dot{v} \qquad (10.31)$$

$$\dot{e}_\omega = \dot{\omega}_\gamma - \dot{\omega} \qquad (10.32)$$

将式（10.12）代入式（10.31）和式（10.32）得

$$\dot{e}_v = \dot{v}_\gamma - \beta_v T_1 + W_1^{*T} \psi_1(z) + \mu_v \qquad (10.33)$$

$$\dot{e}_\omega = \dot{\omega}_\gamma - \beta_\omega T_2 + W_2^{*T} \psi_2(z) + \mu_\omega \qquad (10.34)$$

根据式（10.33）和式（10.34），设计如下控制律及自适应律：

$$T_1 = \frac{1}{\beta_v} (\varsigma_1 e_v + a_1 e_v \dot{\hat{W}}_1^{*T} \psi_1{}^2(z) + \dot{v}_\gamma - \hat{\mu}_{dv}) \qquad (10.35)$$

$$T_2 = \frac{1}{\beta_\omega}(\varsigma_2 e_\omega + a_2 e_\omega \hat{W}_2^{*T} \psi_2^2(z) + \dot{\omega}_\gamma - \hat{\mu}_{d\omega}) \tag{10.36}$$

$$\dot{\hat{W}}_1^{*T} = a_1\psi_1^2(z)e_v^2 - \chi_1\hat{W}_1 \tag{10.37}$$

$$\dot{\hat{W}}_2^{*T} = a_2\psi_2^2(z)e_\omega^2 - \chi_2\hat{W}_2 \tag{10.38}$$

式中，ς_1、ς_2、a_1、a_2、χ_1 与 χ_2 均为控制器设计中的正常数。

10.3　稳定性分析

构造如下 Lyapunov 函数：

$$V_2 = \frac{1}{2}e_v^2 + \frac{1}{2}e_\omega^2 + \frac{1}{2}(\tilde{W}_1^2 + \tilde{W}_2^2) \tag{10.39}$$

式中，$\tilde{W}_i = W_i - \hat{W}_i$，$i=1,2$。将式（10.39）对时间求导得

$$\dot{V}_2 = e_v\dot{e}_v + e_\omega\dot{e}_\omega - \tilde{W}_1\dot{\hat{W}}_1 - \tilde{W}_2\dot{\hat{W}}_2 \tag{10.40}$$

将式（10.33）和式（10.34）代入式（10.40）中可得

$$\dot{V}_2 = e_v(\dot{v}_\gamma - \beta_v T_1 + W_1^{*T}\psi_1(z) + \mu_v) + e_\omega(\dot{\omega}_\gamma - \beta_\omega T_2 + W_2^{*T}\psi_2(z) + \mu_\omega) \\ - \tilde{W}_1\dot{\hat{W}}_1 - \tilde{W}_2\dot{\hat{W}}_2 \tag{10.41}$$

结合自适应律（10.37）和（10.38）可得

$$\dot{V}_2 \leq e_v(\dot{v}_\gamma - \beta_v T_1 + \mu_v) + W_1^{*T}\psi_1(z)|e_v| + e_\omega(\dot{\omega}_\gamma - \beta_\omega T_2 + \mu_\omega) + W_2^{*T}\psi_2(z)|e_\omega| \\ - \tilde{W}_1^{*T}a_1\psi_1^2(z)e_v^2 - \tilde{W}_2^{*T}a_2\psi_2^2(z)e_\omega^2 + \chi_1\tilde{W}_1\hat{W}_1 + \chi_2\tilde{W}_2\hat{W}_2 \tag{10.42}$$

根据杨氏不等式，有

$$W_1^{*T}\psi_1(z)|e_v| \leq a_1 W_1^{*T}\psi_1^2(z)e_v^2 + \frac{W_1^{*T}}{4a_1} \tag{10.43}$$

$$W_2^{*T}\psi_2(z)|e_\omega| \leq a_2 W_2^{*T}\psi_2^2(z)e_\omega^2 + \frac{W_2^{*T}}{4a_2} \tag{10.44}$$

$$\tilde{W}_1\hat{W} = \tilde{W}_1(W_1 - \tilde{W}_1) \leq -\frac{\tilde{W}_1^2}{2} + \frac{W_1^2}{2} \tag{10.45}$$

$$\tilde{W}_2\hat{W}_2 = \tilde{W}_2(W_2 - \tilde{W}_2) \leq -\frac{\tilde{W}_2^2}{2} + \frac{W_2^2}{2} \tag{10.46}$$

式中，a_1、a_2 为正的控制器参数。将控制律（10.35）、（10.36）及式（10.43）、式（10.44）代入式（10.42）中可得

$$\dot{V}_2 \leqslant -\varsigma_1 e_v^{\,2} - a_1 \hat{W}_1^{*T} \psi_1^2(z) e_v^{\,2} + a_1 W_1^{*T} \psi_1^2(z) e_v^{\,2} + \frac{W_1^{*T}}{4a_1} - \varsigma_2 e_\omega^{\,2} - a_2 \hat{W}_2^{*T} \psi_2^2(z) e_\omega^{\,2}$$

$$+ a_2 W_2^{*T} \psi_2^2(z) e_\omega^{\,2} + \frac{W_1^{*T}}{4a_2} - \tilde{W}_1^{*T} a_1 \psi_1^2(z) e_v^{\,2} - \tilde{W}_2^{*T} a_2 \psi_2^2(z) e_\omega^{\,2} \qquad (10.47)$$

$$+ \chi_1 \tilde{W}_1 \hat{W}_1 + \chi_2 \tilde{W}_2 \hat{W}_2 + e_v(\mu_v - \hat{\mu}_v) + e_\omega(\mu_\omega - \hat{\mu}_\omega)$$

整理得

$$\dot{V}_2 \leqslant -\varsigma_1 e_v^{\,2} - \varsigma_2 e_\omega^{\,2} + \frac{W_1^{*T}}{4a_1} + \frac{W_2^{*T}}{4a_2} + \chi_1 \tilde{W}_1 \hat{W}_1 + \chi_2 \tilde{W}_2 \hat{W}_2 \qquad (10.48)$$

将式（10.45）和式（10.46）代入式（10.48）中可得

$$\dot{V}_2 \leqslant -\varsigma_1 e_v^{\,2} - \varsigma_2 e_\omega^{\,2} - \frac{\chi_1 \tilde{W}_1^2}{2} - \frac{\chi_2 \tilde{W}_2^2}{2} + \frac{W_1^{*T}}{4a_1} + \frac{W_2^{*T}}{4a_2} + \frac{\chi_1 W_1^2}{2} + \frac{\chi_2 W_2^2}{2} \qquad (10.49)$$

$$\leqslant -\mu V_2 + C$$

式中，$\mu = \min\{2\varsigma_1, 2\varsigma_2, 2\chi_1, 2\chi_2\}$；$C = \dfrac{W_1^{*T}}{4a_1} + \dfrac{W_2^{*T}}{4a_2} + \dfrac{\chi_1 W_1^2}{2} + \dfrac{\chi_2 W_2^2}{2}$。

10.4 仿真结果分析

为了对本文设计的控制系统及控制器的稳定性与快速性进行验证，进一步设计如下仿真实验，设欠驱动履带式清淤机器人的主要参数如下：$m = 10\text{kg}$，$r = 0.05\text{m}$，$b = 0.5\text{m}$，$J = 3.5\text{kg} \cdot \text{m}^2$。

干扰观测器参数：$b_1 = 1.13$，$b_2 = 1.52$，$k_4 = 100$，$k_5 = 0.2$，$\eta = 1.36$，$\zeta = 0.1$。

使用干扰观测器对误差 τ_d 进行观测，从仿真结果（图 10.3）中可以看出，干扰观测器可以快速有效地跟踪外部时变扰动，且观测器误差可以在有限时间收敛到零。

情况 1：选取直线作为期望参考轨迹，设置参考轨迹方程为 $x(t) = t$，$y(t) = t$，$\theta(t) = \dfrac{\pi}{4}$；设置机器人控制输入为 $v_r = \sqrt{2}\text{m/s}$，$\omega_r = 0\text{rad/s}$；设置机器人初始位置为 $x(0) = 1\text{m}$，$y(0) = 6\text{m}$，$\theta(0) = 5\text{rad}$；设置控制器参数为 $\varsigma_1 = 45$，$\varsigma_2 = 0.5$，$a_1 = 5$，$a_2 = 10$，$\chi_1 = 7$，$\chi_2 = 3$，$k_1 = 3$，$k_2 = 2.5$。

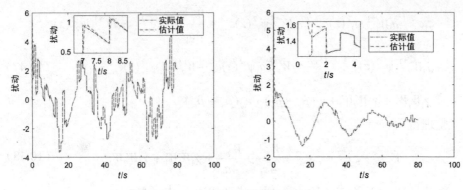

图 10.3 干扰观测器估计结果

仿真结果如下所述。

由图 10.4 的位姿误差历时曲线可知，受控履带式机器人在 10s 内 x_e、y_e 和 θ_e 都收敛到零；由图 10.5 可知，受控履带式机器人在 8s 内输入线速度和角速度收敛到了参考值；由图 10.6 的轨迹跟踪曲线可知，受控履带式机器人在很快的速度内光滑地从初始位置跟踪到参考轨迹。由此可知，所设计的控制律在跟踪直线轨迹时有着良好的控制效果，而且受控系统在所设计的控制律下能够良好地跟踪参考轨迹，且跟踪性能良好。

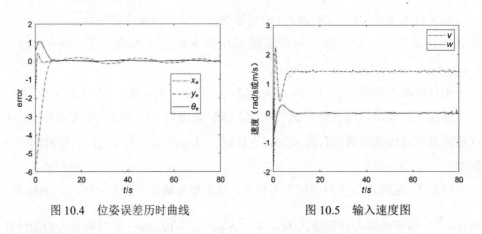

图 10.4 位姿误差历时曲线   图 10.5 输入速度图

情况 2：选取圆作为期望参考轨迹，设给定参考轨迹方程为 $x_r = 5\sin\theta_r - 0.25\cos\theta_r$，$y_r = -5\cos\theta_r - 0.25\sin\theta_r$，$\theta(t) = 0.1t + \dfrac{3}{4}\pi$；设置参考速度及参考角速度为 $v_r = 0.5\text{m/s}$，$\omega_r = 0.1\text{rad/s}$；设置机器人初始位置为 $x(0) = 0$，$y(0) = 0$，

$\theta(0) = 5$；设置控制器参数为 $\varsigma_1 = 50$，$\varsigma_2 = 0.8$，$a_1 = 6$，$a_2 = 23$，$\chi_1 = 45$，$\chi_2 = 2$，$k_1 = 0.5625$，$k_2 = 8$。

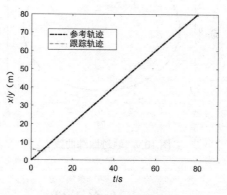

图 10.6　直线轨迹跟踪图

仿真结果如下所述。

由图 10.7 的位姿误差历时曲线可知,受控履带式机器人在 6s 内 x_e、y_e 和 θ_e 都收敛到零；由图 10.8 可知，受控履带式机器人在 3s 内输入线速度和角速度都收敛到了参考值；由图 10.9 的轨迹跟踪曲线可知，受控履带式机器人在很快的速度内光滑地从初始位置跟踪到参考轨迹。由此可知，所设计的控制律在跟踪圆轨迹时也有着良好的控制效果，而且受控系统在所设计的控制律下能够良好地跟踪参考轨迹，且跟踪性能良好。

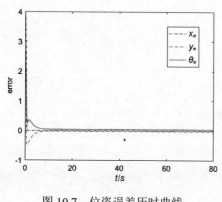

图 10.7　位姿误差历时曲线

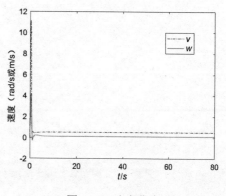

图 10.8　速度曲线

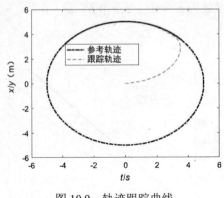

图 10.9　轨迹跟踪曲线

10.5　本章小结

　　本章为解决履带式清淤机器人轨迹跟踪问题，考虑到工业履带机器人在行进过程中绞吸机械臂摆动带来的质心与几何中心不重合问题，建立了运动学模型，首先利用 Backstepping 技术设计运动学控制器，然后考虑到系统无法建模项及外界未知有界扰动的影响，使用了自适应神经网络万能逼近能力估计无法建模的扰动，设计非线性自适应神经网络控制器，并使用终端滑模观测器估计外界未知扰动，通过 Lyapunov 稳定性理论证明了系统的全局稳定性，并通过仿真结果表明了所设计的控制器有良好的控制性能。

第 11 章　基于自适应滑模水下清淤机器人轨迹跟踪控制

11.1　问题描述

水下清淤机器人作为一类典型的非完整系统，其轨迹跟踪问题近年来得到了广泛的研究。文献[253]将 Lyapunov 直接法和积分反演技术应用到水下移动机器人的轨迹跟踪问题中，对满足一定条件的参考模型实现了全局指数跟踪；文献[254]针对含有未知参数的移动机器人运动学模型，直接以两驱动后轮的角速度为控制输入构造了自适应轨迹跟踪控制器，实现了对预定轨迹的全局渐近跟踪。上述研究成果仅从移动机器人的运动学模型出发，较少考虑其动力学特性，而动力学模型更能真实地反映移动机器人的运动规律。但由于其存在诸如摩擦力、质量和转动惯量等不确定项，为系统的控制带来了很大困难。文献[255-256]考虑了包含未知参数的移动机器人动力学模型，通过自适应控制的方法，实现了移动机器人在满足一定条件的参考轨迹的全局渐近跟踪，但其未考虑未知干扰的影响，且存在诸如控制器参数选择复杂、鲁棒性差等缺陷。文献[257]采用反演技术和自适应滑模控制的方法研究了系统具有未知参数和不确定性干扰的移动机器人的轨迹跟踪问题。文献[258]针对移动机器人动力学模型，采用自适应模糊逼近的方法，补偿了水下移动机器人模型未知参数和扰动的影响，实现了水下移动机器人的轨迹跟踪。文献[259]分别针对移动机器人的运动学模型和动力学模型，采用自适应积分滑模的思想设计了动力学控制器。这种方法降低了未知参数和外界扰动对系统的影响，实现了移动机器人对参考轨迹的全局渐近跟踪。

上述研究成果均假设水下机器人的质心和几何中心重合，且系统摩擦力矩阵精准建模，即满足理想约束条件的标准水下机器人的要求；而对于约束非理想情况下的水下机器人，由于误差动态方程的变化，其结果就不适用。

　　针对上述问题，本章利用自适应滑模技术估计未建模项及未知有界扰动，设计非线性自适应滑模控制器，并通过 Lyapunov 稳定性理论证明了系统的稳定性和跟踪误差的收敛性，且所设计的控制器能有效地克服未知有界扰动的影响，可更好地实现水下机器人的轨迹跟踪。仿真结果验证了控制律的有效性和正确性。

11.2　控制器设计

首先定义误差变量：

$$v_e = v - v_d \tag{11.1}$$

$$\omega_e = \omega - \omega_d \tag{11.2}$$

$$\dot{v}_e = \dot{v} - \dot{v}_d = u_1 \beta_1 - \dot{v}_d \tag{11.3}$$

$$\dot{\omega}_e = \dot{\omega} - \dot{\omega}_d = u_2 \beta_2 - \dot{\omega}_d \tag{11.4}$$

定义积分滑模函数：

$$s = \dot{e} + ce = \begin{bmatrix} s_1 \\ s_2 \end{bmatrix} = \begin{bmatrix} v_e + \lambda_1 \int v_e \\ \omega_e + \lambda_2 \int \omega_e \end{bmatrix} \tag{11.5}$$

式中，$\lambda_1 > 0$，$\lambda_2 > 0$。

$$\dot{s} = \begin{bmatrix} \dot{s}_1 \\ \dot{s}_2 \end{bmatrix} = \begin{bmatrix} \dot{v}_e + \lambda_1 v_e \\ \dot{\omega}_e + \lambda_2 \omega_e \end{bmatrix} = \begin{bmatrix} u_1 \beta_1 - \dot{v}_d + \lambda_1 v_e \\ u_2 \beta_2 - \dot{\omega}_d + \lambda_2 \omega_e \end{bmatrix} \tag{11.6}$$

根据式（11.6），设计控制律和自适应律如下：

$$u_1 = \hat{\beta}_1 (\dot{v}_d - \lambda_1 v_e) - k_1 (v_e + \lambda_1 v_e) \tag{11.7}$$

$$u_2 = \frac{1}{\beta_2} \left[(\dot{\omega}_d - \lambda_2 \omega_e) - k_2 (\omega_e + \lambda_2 \int \omega_e) \right] \tag{11.8}$$

$$\dot{\hat{\beta}}_1 = -\gamma s_1 (\dot{v}_d - \lambda_1 v_e) - \delta \hat{\beta}_1 \tag{11.9}$$

式中，$\gamma > 0$，$\delta > 0$ 为控制器参数；$\hat{\beta}_1$ 是 β_1 的估计。

11.3　稳定性分析

稳定性证明如下所述。

构造 Lyapunov 函数为

$$V = \frac{1}{2}\beta_1 s_1{}^2 + \frac{1}{2}s_2{}^2 + \frac{1}{2\gamma}\tilde{\beta}_1{}^2 \tag{11.10}$$

式中，$\tilde{\beta}_1 = \beta_1 - \hat{\beta}_1$，$\dot{\tilde{\beta}}_1 = -\dot{\hat{\beta}}_1$。

对式（11.10）求导得

$$\dot{V} = \beta_1 s_1 \dot{s}_1 + s_2 \dot{s}_2 - \frac{1}{\gamma}\tilde{\beta}_1 \dot{\tilde{\beta}}_1$$

$$= s_1[u_1 - \beta_1(\dot{v}_d - \lambda_1 v_e)] + s_2(\beta_2 u_2 - \dot{\omega}_d + \lambda_2 \omega_e) - \frac{1}{\gamma}\tilde{\beta}_1 \dot{\tilde{\beta}}_1 \tag{11.11}$$

将式（11.7）和式（11.8）代入式（11.11），得

$$\dot{V} = s_1[u_1 - \beta_1(\dot{v}_d - \lambda_1 v_e)] + s_2(b_2 u_2 - \dot{\omega}_d + \lambda_2 \omega_e) - \frac{1}{\gamma}\tilde{\beta}_1 \dot{\tilde{\beta}}_1$$

$$= s_1\left[\hat{\beta}_1(\dot{v}_d - \lambda_1 v_e) - k_1(v_e + \lambda_1 v_e) - \beta_1(\dot{v}_d - \lambda_1 v_e)\right]$$

$$+ s_2\left[(\dot{\omega}_d - \lambda_2 \omega_e) - k_2(\omega_e + \lambda_2\int\omega_e) - \dot{\omega}_d + \lambda_2 \omega_e\right] - \frac{1}{\gamma}\tilde{\beta}_1 \dot{\tilde{\beta}}_1 \tag{11.12}$$

$$= -k_1 s_1{}^2 - k_2 s_2{}^2 + \tilde{\beta}_1 s_1(\dot{v}_d - \lambda_1 v_e) - \frac{1}{\gamma}\tilde{\beta}_1 \dot{\tilde{\beta}}_1$$

将式（11.9）代入式（11.12）中，有

$$\dot{V} = -s_1{}^2 - s_2{}^2 + \tilde{\beta}_1 s_1(\dot{v}_d - \lambda_1 v_e) - \frac{1}{\gamma}\tilde{\beta}_1\left[-\gamma s_1(\dot{v}_d - \lambda_1 v_e) - \delta\hat{\beta}_1\right]$$

$$= -k_1 s_1{}^2 - k_2 s_2{}^2 + \frac{\delta}{\gamma}\tilde{\beta}_1 \hat{\beta}_1 \tag{11.13}$$

又因为

$$\tilde{\beta}_1 \hat{\beta}_1 = \tilde{\beta}_1(-\tilde{\beta}_1 + \beta_1) \leqslant -\frac{\tilde{\beta}_1{}^2}{2} + \frac{\beta_1{}^2}{2} \tag{11.14}$$

则

$$\dot{V} \leqslant -k_1 s_1{}^2 - k_2 s_2{}^2 - \frac{\delta\tilde{\beta}_1{}^2}{2\gamma} + \frac{\delta\beta_1{}^2}{2\gamma} \leqslant -\Theta V + C \tag{11.15}$$

式中，$\Theta = \min\{2k_1, 2k_2, \delta\}$，$C = \frac{\delta\beta_1{}^2}{2\gamma}$。

根据以上分析，有如下定理：

定理：在假设 9.1 和 9.2 下，控制律（11.7）、（11.8）及自适应律（11.9）能

使履带式机器人跟踪速度信号 $\begin{bmatrix} v_d & \omega_d \end{bmatrix}^{\mathrm{T}}$，同时保证闭环控制系统的所有信号是有界的。另外，通过适当选择参数 λ_1、λ_2、k_1、k_2、γ 和 δ，可使履带式机器人轨迹跟踪误差调节到一个较小的邻域内。

证明：求解式（11.15），有

$$0 \leqslant V \leqslant \frac{C}{\Theta} + [V(0) - \frac{C}{\Theta}]e^{-\Theta t} \tag{11.16}$$

式中，$V(0)$ 是 V 的初始值。从式（11.16）可知，当 $\lim\limits_{t \to \infty} V \leqslant C/\Theta$ 时，证明 V 是有界的，V 的有界性可以证明 s_1、s_2 和 $\tilde{\beta}_1$ 也是有界的，进而可得 $\hat{\beta}_1$ 是有界的，从而，控制律也是有界的。因此，闭环系统的所有信号都是有界的。

11.4 仿真分析

为了验证上文设计的控制律的有效性，对其进行数值仿真，设履带机器人主要参数为 $m=10\mathrm{kg}$，$d=0.2$，$r=0.15\mathrm{m}$，$b=0.75\mathrm{m}$，$J=5\mathrm{kg \cdot m^2}$。

案例 1：以直线作为期望参考轨迹，设置轨迹方程为 $x(t)=t$，$y(t)=\sin t$，$\theta(t)=\dfrac{\pi}{4}$；设置控制参数为 $\gamma=0.2$，$\lambda_1=0.45$，$\lambda_2=0.85$，$\delta=0.2$，$k_2=5$，$k_1=5$，$\beta_2=4$，$K_\theta=150$；设置控制输入为 $v_r=\sqrt{5^2+0.25^2} \times 0.1\mathrm{m/s}$，$\omega_r=0.1\mathrm{rad/s}$；设置初始位置为 $x(0)=0$，$y(0)=0$，$\theta(0)=\dfrac{3}{4}\pi$。

仿真结果如下所述。

由图 11.1 的轨迹跟踪曲线可知，受控履带式机器人在 2s 左右从初始位置跟踪到参考轨迹；由图 11.2 的位姿误差历时曲线可知，受控履带式机器人在 5s 内 x_e、y_e、θ_e 都收敛到零；由图 11.3 可以看出，输入力矩可以在 10s 内趋近于稳定状态；由图 11.4 可知，受控履带式机器人在 5s 内输入线速度和角速度都收敛到了参考值，其中线速度在 1s 内就收敛到了参考值；由图 11.5 可知，自适应曲线在 20s 内收敛到参考值。由以上可知，系统在所设计的自适应滑模跟踪控制律下能够很好地跟踪参考轨迹，而且跟踪性能强。

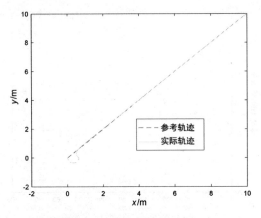

图 11.1　直线轨迹跟踪图

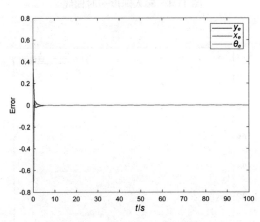

图 11.2　位姿误差历时曲线

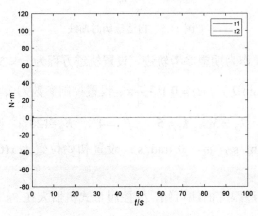

图 11.3　输入力矩历时曲线

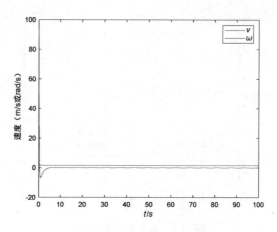

图 11.4　输入速度历时曲线

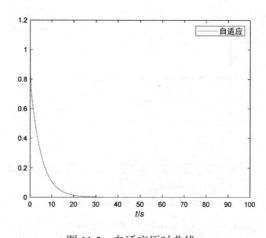

图 11.5　自适应历时曲线

案例 2：以曲线作为期望参考轨迹，设置轨迹方程为 $x_r = 5\sin\theta_r - 0.25\cos\theta_r$，$y_r = -5\cos\theta_r - 0.25\sin\theta_r$，$\theta(t) = 0.1t + \dfrac{3}{4}\pi$；设置控制参数为 $\lambda_1 = 0.45$，$\lambda_2 = 0.85$，$\delta_1 = 0.2$，$\delta_2 = 5$，$k_2 = 5$，$k_1 = 5$，$\beta_2 = 4$，$K_\theta = 120$；设置控制输入为 $v_r = \sqrt{5^2 + 0.25^2} \times 0.1\,\text{m/s}$，$\omega_r = 0.1\,\text{rad/s}$；设置初始位置为 $x(0) = 0$，$y(0) = 0$，$\theta(0) = 0$。

由图 11.6 的轨迹跟踪曲线可知，受控履带式机器人在 8s 左右从初始位置跟踪到参考轨迹；由图 11.7 的位姿误差历时曲线可知，受控履带式机器人在 6s 内

x_e、y_e 和 θ_e 都收敛到零；由图 11.8 的输入速度历时曲线可知，受控履带式机器人在 7s 内输入线速度和角速度都收敛到了参考值，其中线速度 2s 内收敛到参考值；由图 11.9 可以看出，动力学输入可以在 10s 内趋近于稳定状态；由图 11.10 的自适应历时曲线可知，自适应曲线在 10s 内收敛到参考值。由此可知，所设计的控制律在跟踪圆轨迹时也有着良好的控制效果，而且受控系统在所设计的控制律下能够良好地跟踪参考轨迹，且跟踪性能良好。

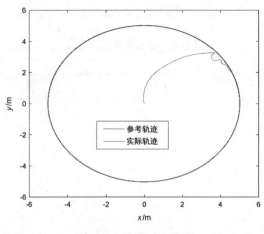

图 11.6　轨迹跟踪曲线

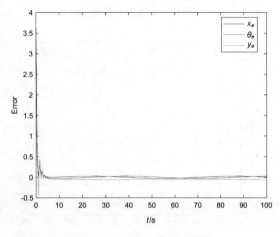

图 11.7　位姿误差历时曲线

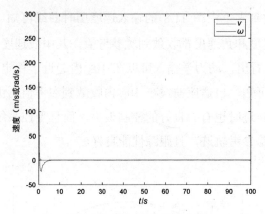

图 11.8　输入速度历时曲线

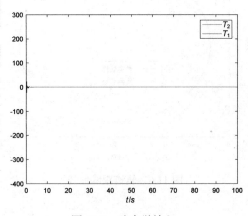

图 11.9　动力学输入

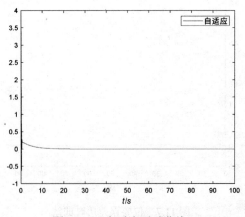

图 11.10　自适应历时曲线

11.5　本章小结

通过对一类质心和几何中心不重合的水下清淤机器人轨迹跟踪控制问题的研究，得到了水下机器人的运动学模型和动力学模型。针对系统的运动动力学模型，利用自适应滑模技术，设计非线性自适应滑模控制器；并利用 Lyapunov 稳定性理论证明了控制器的全局稳定性且跟踪误差收敛。仿真结果表明了所设计控制律的有效性和正确性。

第 12 章　基于自适应有限时间滑模的水下清淤机器人轨迹跟踪控制

12.1　问题描述

由于履带式机器人是非完整机器人[260]，许多研究人员使用反推方法[170-172]对运动学和动力学进行联合建模，以建立全局运动数学模型。为了有效地完成跟踪任务，研究人员尝试使用不同的控制方法，如 PID 控制[261]、非线性反推控制[262-263]、滑模控制[264-265]等。然而，WTDR 在水下沉井作业时，必然会受到外界干扰的影响。因此，未知时变扰动问题不容忽视，可采用自适应 PID 控制[266]和一种带有智能算法和干扰观测器的逼近方法[267]来解决扰动问题。此外，履带式疏浚机器人还存在质心与几何中心不重合、输入饱和等问题。那么，在考虑执行器饱和和机身几何特性的情况下，如何在有限的时间内，在各种外界干扰下高精度地完成航迹跟踪，对于提高疏浚工作的安全性和效率具有重要的研究意义。

在文献[268]中，基于 Udwadia-Kalaba 方程重构了动态约束，并设计了漏泄型鲁棒自适应来补偿有界不确定性和外部干扰的影响。文献[269]通过改进基于自适应技术的干扰观测器，设计了一种鲁棒自适应控制器，并获得了良好的跟踪性能。文献[270]中设计了自适应扰动补偿器，并结合扰动观测器设计了鲁棒自适应控制器，以改善跟踪性能。为了更接近工程实际，并结合系统时滞，文献[271-272]设计了一种自适应时滞鲁棒控制器（ATRC）。文献[273]提出了增加前馈扰动补偿观测器的技术，以提高自适应轨迹跟踪控制器的抗干扰能力。利用 σ 变换设计了两个不连续稳定控制系统，并在文献[274]中分别采用 H_∞ 鲁棒控制器和模糊控制来处理扰动。此外，还使用智能算法来解决干扰问题。在文献[275-276]中，用神经网络系统逼近非线性函数，并采用鲁棒自适应技术解决参数摄动和外部干扰引起扰动的问题。

及时处理各种干扰问题也很重要。在文献[277]中，设计了一种在固定时间内具有自适应扰动的鲁棒控制器。在文献[278]中，根据非完整机器人的运动学和动力学特性，建立了内环和外环有限时间自适应控制器系统效果，并用 Lyapunov

有限时间判定定理证明了其稳定性。在此基础上，为了改善运动控制效果，基于滑模控制的有限时间控制器逐渐成为重要的控制方案，如文献[279]中通过优化双闭环的鲁棒特性来改进终端滑模有限时间控制器的设计。此外，通过实际试验验证了这种自适应滑模控制器的轨迹跟踪控制性能[280]。为了更好地解决这种干扰问题，文献[281]利用滑模的变结构切换特性设计了滑模观测器。进一步考虑到机器人传感器在实际应用中会受到外界干扰的影响，文献[282]在设计滑模自适应控制器的同时，设计了一个高增益观测器来解决传感器因干扰而产生误差的问题。然而，在实际控制过程中，除了传感器会受到干扰的问题外，控制过程中还需要考虑输入饱和问题。

在文献[283]中，建立了饱和补偿器来补偿控制律。如果在实际工程中正确利用输入饱和，可以提高跟踪效率，但输入饱和和较大的误差可能会导致轨迹跟踪控制中的严重超调，如文献[284]所述，虽然考虑了执行器饱和特性，但轨迹跟踪的超调现象也很明显。采用积分控制的控制器尤为明显。这将使控制效果变差，因此考虑执行器饱和，进一步减小超调量是一个值得进一步研究的问题。

12.2 控制器设计

12.2.1 新型全局衰减抗饱和滑模面设计

考虑到滑模的全局特性和有限时间特性，结合前馈补偿思想，进一步考虑反推虚拟控制律的时延特性，设计一种新的衰减非线性全局积分滑模面为

$$S_n = C_p\left(e(k) - \exp\left(R(k)\right)e(0)\right) + C_i\int_0^k L\left(e(\tau)\right)\mathrm{d}\tau \qquad (12.1)$$

其中 C_p，$C_i \geq 0$；$L(e(\tau))$ 是新的非线性函数；$R(k)$ 是新的有限时间衰减函数。

进一步对其分析，可知本新型滑模面具有如下特性。

1. 全局性

首先本新型滑模面中的衰减函数形式为

$$\exp(R(k))e(0) = e(0)\exp\left(-\frac{k}{e(k)}\right) \qquad (12.2)$$

首先验证其全局性，就需要先假设，当 $k = 0$ 时，本滑模面为

$$S_n = C_p \left(e(0) - \exp(R(0)) e(0) \right) + C_i \int_0^0 L\left(e(\tau) \right) \mathrm{d}\tau = 0 \qquad (12.3)$$

可见此滑模面没有到达阶段，即使得状态点在滑模面进行滑动，具有全局特性。进一步分析可知，由于 $e(0)$ 是常值，在非初始状态误差存在且 $e = 0$ 时，不利于系统稳定性。而本新型滑模面在非初始状态时具有如下特性。

当 $k = T > 0$ 时，则滑模面为

$$S_n = C_p(e(T) - \exp(R(T)) e(0)) + C_i \int_0^T L(e(\tau)) \mathrm{d}\tau \qquad (12.4)$$

变换形式后可得

$$S_n = C_p \left[e(T) - e(0) \exp\left(-\frac{T}{e(T)} \right) \right] + C_i \int_0^T L(e(\tau)) \mathrm{d}\tau \qquad (12.5)$$

可见在系统的初期当误差较大时有较小增益，增强控制性能，当 $k = 0$ 时，即系统因特殊原因发散时，则变为

$$S_n = C_p \left[e(0) - e(0) \right] + 0 = 0 \qquad (12.6)$$

由于每一节点都是根据采样律进行的，因此此初始误差存在时是具有全局性的，即误差从滑模面开始，没有初始趋近阶段，则在非初始阶段此滑模面就变为有较好鲁棒性的滑模面，即当 $k = T \gg 0$ 时，可近似得连续化形式：

$$S_n = C_p e(T) + C_i \int_0^T L(e(\tau)) \mathrm{d}\tau \qquad (12.7)$$

而当 $e(k) = 0$ 时，可见 $S = 0$，则不会影响控制性能。

2. 奇异性

对本滑模面进行一阶求导可得

$$\dot{S}_n = C_p \left[\dot{e}(k) - \exp(R(k)) \cdot e(0) \cdot \left(-\frac{e^{-1}(k) - k\dot{e}(k)}{e^2(k)} \right) \right] + C_i \cdot L\left(x_e(\tau) \right) \qquad (12.8)$$

可见不存在奇异点，即本滑模面具有非奇异性，对于大误差有更好的控制稳定性。

3. 积分滑模函数优化特性

积分环节虽然让控制器具有很好的稳态性能，但是由于机器人实际控制中，存在物理限制，也就是在控制器的计算数值和执行器的物理极限的限制下容易产

生控制器饱和，并且水下环境本身对执行器性能有影响，若产生饱和则更不适合实际应用，在有物理输入限制的系统中，积分饱和明显，所以要优化积分饱和，由此引入了一种新的非线性函数 $L(e(k))$，起到"小误差放大，大误差饱和"的作用，以提高积分性能，与一般误差函数 $y = e$ 对比

$$L(e(k)) = C_t \, \mathrm{sgn}(e(k)) \cdot \ln\left(1 + C_{ts} \left|e(k)\right|\right) \tag{12.9}$$

式中 C_t 和 C_{st} 均为大于 1 的正常数。此非线性函数近似抗饱和特性如下：

$$\begin{cases} \left|L[e(k)]\right| \leqslant \left|e(k)\right| & \left|e(k)\right| \to \infty \\ 0 & \left|e(k)\right| \to 0 \\ \left|L[e(k)]\right| \geqslant \left|e(k)\right| & \left|e(k)\right| \to \delta \end{cases} \tag{12.10}$$

为进一步说明此非线性函数有抗饱和特性，将其与线性误差 $e(k)$ 对比，如图 12.1 所示。

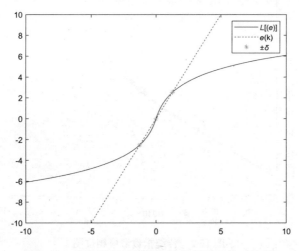

图 12.1　非线性误差函数与线性误差函数对比图

12.2.2　新型滑模趋近律设计

虽然自适应滑模控制器在有限的时间内具有良好的稳定控制性能，但由于滑模本身的特点，会出现抖振现象，影响控制过程的动态性能。然而，滑模控制器的抖振也是算法鲁棒性较强的原因，因此在使用滑模控制时需要在保证一定鲁棒性的同时弱化抖振现象。

传统指数滑模趋近律为

$$\dot{S} = -K_s S - \varepsilon_i \operatorname{sgn}(S) \tag{12.11}$$

式中，增益系数 $K_s \geqslant 0$，$\varepsilon_i \geqslant 0$。

传统指数滑模趋近律的稳态极限为

$$\dot{S} = \begin{cases} -\varepsilon_i & S \to 0^+ \\ +\varepsilon_i & S \to 0^- \end{cases} \tag{12.12}$$

由此可见，其具有指数趋近形式的稳态过程，且只有在 $S = 0$ 时，$\dot{S} = 0$，因此不可避免地在平衡位置附近高频抖振，从相位图中可以直观看到其趋近形态，如图 12.2 所示。

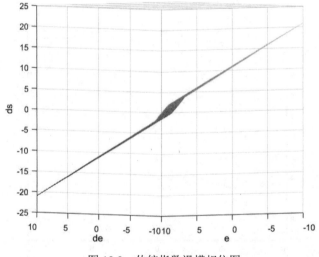

图 12.2　传统指数滑模相位图

传统指数滑模趋近律具有适应性强的特点，且在工程应用中非常方便，但是其抖振抑制效果很差，然而机器人水下轨迹跟踪过程中，大范围抖振将影响其工程作业性能，且不利于积分滑模面发挥其优势。

这里引入可以消除稳态附近误差的改进变指数幂次趋近律进行分析：

$$\dot{S} = -K_{S_1} S - K_{S_2} |S|^{\lambda} \operatorname{sgn}(S) \tag{12.13}$$

式中

$$\lambda = \begin{cases} \alpha, & |S| < 1 \\ |S|, & |S| < 1 \end{cases} \tag{12.14}$$

其中 $0 < \alpha < 1$。

从三维相位图可以看出，其本质仍是一种指数趋近律，且在转化后就变为等速形式趋近，其可能会加快控制器饱和，造成"小误差限制"的现象，不利于积分滑模面的优势发挥，在一外界位置扰动作用下，控制效果会大打折扣，如图12.3所示。

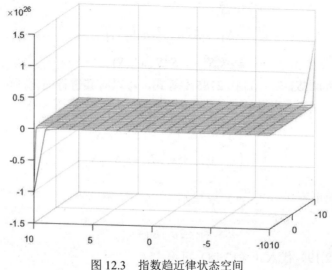

图 12.3 指数趋近律状态空间

由于履带机器人轨迹跟踪要在有限时间内及时完成，因此要尽量减少等速趋近律的作用，并且在减弱稳态误差的同时，也要减小控制器饱和，从而提高闭环控制性能，否则不利于在复杂的水下环境中作业，由此通过对以上内容的分析，设计新型趋近律，如下所示：

$$\dot{S}_x = -k_i S - \varepsilon_i S^2 \tanh(S) \tag{12.15}$$

接下来将对其控制特性进行分析。

1. 稳定性分析

定理 1：若存在正定的 Lyapunov 函数 $V(S)$ ，且不等式

$$\dot{V}(S) \leqslant -\beta_1 V(S) - \beta_2 V^\kappa(S) \tag{12.16}$$

在常数 $0 < \kappa < 1$ 和 β_1 ， $\beta_2 \geqslant 0$ 时成立，则 S 在有限时间 T_s 内稳定， T_s 表达为

$$T_s = \frac{\ln\left(\dfrac{\beta_1 V^{1-\kappa}(S_0) + \beta_2}{\beta_2}\right)}{\beta_1(1-\kappa)} \tag{12.17}$$

根据定理 1,结合式(12.17)与式(12.16),使用 Lyapunov 第二法设计 Lyapunov 函数:

$$V_S^* = \frac{1}{2}S^2 \tag{12.18}$$

进行一阶求导

$$\begin{aligned}
\dot{V}_S^* &= S\dot{S}_x \\
&= S\left(-k_i S - \varepsilon_i S^2 \tanh(S)\right) \\
&= -k_i S^2 - \varepsilon_i S^2 S \tanh(S)
\end{aligned} \tag{12.19}$$

利用 $-S\tanh(S) \leqslant -|S| + 0.2785$ 不等式,可以对其进行简化,可得

$$\begin{aligned}
\dot{V}_S^* &= S\dot{S}_x \\
&\leqslant -k_i S^2 - \varepsilon_i S^2 |S| + 0.2785\varepsilon_i S^2 \\
&\leqslant -\left(k_i - 0.2785\varepsilon_i\right)S^2 - \varepsilon_i S^2 |S|
\end{aligned} \tag{12.20}$$

根据杨氏不等式 $ab \leqslant \dfrac{a^2}{2} + \dfrac{b^2}{2}$ 可知

$$-\varepsilon_i S^2 \leqslant -2\varepsilon_i |S| + \varepsilon_i \tag{12.21}$$

将式(12.19)代入式(12.18)可得

$$\begin{aligned}
\dot{V}_S^* &= S\dot{S}_x \\
&\leqslant -\left(k_i - 0.2785\varepsilon_i\right)S^2 - 2\varepsilon_i S^2 + \varepsilon_i |S| \\
&\leqslant -\left(k_i - 0.2785\varepsilon_i\right)S^2 - 3\varepsilon_i |S| + 2\varepsilon_i
\end{aligned} \tag{12.22}$$

由于 $\left(V_S^*\right)^{\frac{1}{2}} = \dfrac{1}{\sqrt{2}}|S|$,因此式(12.22)最终可简化为

$$\dot{V}_S^* \leqslant -\sqrt{2} \cdot 3\varepsilon_i \left(V_S^*\right)^{\frac{1}{2}} - \left(k_i - 0.2785\varepsilon_i\right)V_S^* - C \tag{12.23}$$

式中 $k_1 = k_i - 0.2785\varepsilon_i > 0$ 和 $\varepsilon_1 = \sqrt{2} \cdot 3\varepsilon_i$,并且 $C = 2\varepsilon_i$ 为常数项。

则根据定理 1 可知,此滑模趋近律是有限时间稳定的,则有限时间函数为

$$T \leqslant \frac{2}{\varepsilon_1} \cdot \ln\left[\frac{\varepsilon_1 V^{0.5}(e_0) + k_1}{k_1}\right] \tag{12.24}$$

2. 稳态抖振分析

稳态附近极限为

$$\dot{S}_x = \begin{cases} 0 & S \to 0^+ \\ 0 & S \to 0^- \end{cases} \qquad (12.25)$$

由此可知其在平衡点附近无抖振现象。

可以从三维相位图中看到其变化率是变化的,从而避免了等速趋近律,如图图 12.4 所示。

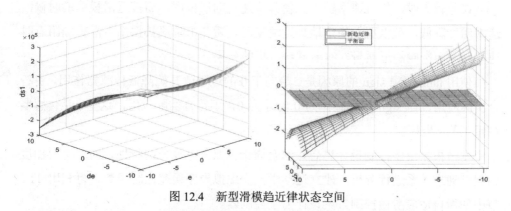

图 12.4　新型滑模趋近律状态空间

为了更直观地体现新趋近律的特点,建立新趋近律和传统指数趋近律的相位图进行对比,如图 12.5 所示。

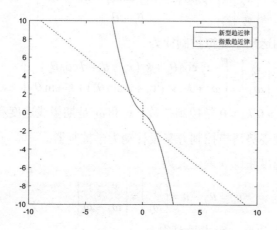

图 12.5　新型趋近律相位对比图

可以看到除新趋近律外，其他趋近律均是等速趋近，而新趋近律的趋近律是变化的，由此可以有效缩短趋近时间，尤其有利于减弱高频小幅度的抖振。

对两曲线进行进一步分析可知在 $e = 0$ 处 $S_x(0) = 0$，并且具有"小误差放大"的特性，因此新趋近律对于积分滑模会有更好的控制效果，可有效减小控制器饱和，并且可以灵活调整参数 ε_i 来调整增益效果。

$$\begin{cases} \dot{S}_x \leqslant -k_i S - \varepsilon_i \operatorname{sgn}(S) & S \leqslant L \\ \dot{S}_x \geqslant -k_i S - \varepsilon_i \operatorname{sgn}(S) & S > L \end{cases} \tag{12.26}$$

误差较大时，趋近速率较大，使其快速趋向滑模面，而接近滑模面的时候，速率明显降低，可以更加稳定地趋近滑模面，避免下阶段抖振由于滑模面附近时速率过大而影响趋近质量，有着减缓抖振的效果。

使用 tanh 不用 sign 的原因是，趋向于 0 的过程就开始降低传感器作用，更符合实际应用，而 sign 是在整体为 0 时才为 0，不符合实际应用，这里 x 是传感器测量到的 x 坐标值。

本节根据反步控制设计思想，结合履带机器人差速转向特性，对三个自由度的误差动态关系进行分析，建立运动学反步虚拟异序误差控制函数，再利用 11.2 节中的新自适应滑模控制方案设计力学控制器。

可得运动学误差一阶导为

$$\dot{q}_e = \begin{bmatrix} \dot{x}_e \\ \dot{y}_e \\ \dot{\phi}_e \end{bmatrix} = \begin{bmatrix} d\theta_r \sin\phi_e + v_r \cos\phi_e + y_e\theta - v \\ v_r \sin\phi_e - d\theta_r \cos\phi_e + d\theta - x_e\theta \\ \theta_r - \theta \end{bmatrix} \tag{12.27}$$

由第 8 章可知运动学虚拟控制律为

$$u_d = \begin{bmatrix} v_d \\ \omega_d \end{bmatrix} = \begin{bmatrix} v_r \cos\theta_e + k_1 \left(x_e - d + d\cos\theta_e \right) \\ \omega_r + K_\theta v_r \left(y_e + d\sin\theta_e \right) + k_2 \sin\theta_e \end{bmatrix} \tag{12.28}$$

其中 $k_1 > 0, k_2 > 0, k_\theta > 0$ 是控制常数，v_r 和 ω_r 是期望线速度和转速，则可以根据本章提出的新型姿势滑模控制方案设计动力学控制器。

第一步：将速度跟踪误差定义为

$$u_e = u_d - u = \begin{bmatrix} v_e \\ \omega_e \end{bmatrix} = \begin{bmatrix} v_d - v \\ \omega_d - \omega \end{bmatrix} \tag{12.29}$$

对式（12.29）进行一阶求导可得

$$\dot{u}_e = \dot{u}_d - \dot{u} = u_d - \tilde{B}(q)[\tilde{\tau} + \partial\tau(k)] + \overline{\tau}_d \tag{12.30}$$

其中 $\partial = \mathrm{diag}(\partial_1, \partial_2)$ ，并且根据不确定性和外界扰动有界特性，即 $\overline{\xi} = \tilde{B}(q)\tilde{\tau} + \overline{\tau}_d$ 与

$\|\overline{\xi}\| \leqslant \xi$ 成立，可得

$$\dot{u}_e = \dot{u}_d - \tilde{B}(q)\partial\tau(k) + \xi \tag{12.31}$$

第二步：根据本章所提出的自适应有限时间滑模面，结合自适应技术，设计出控制律和自适应律为

$$T = \left(g(k)\beta^{\mathrm{T}}\right)^{-1}\left(H_1 + g(k)\dot{u}_d - \dot{S}_s + \tanh\left(\frac{S}{D}\right)\hat{\xi}\right) \tag{12.32}$$

$$\dot{\hat{\xi}} = B\left[\tanh\left(\frac{S}{D}\right)S - b\hat{\xi}\right] \tag{12.33}$$

12.3　稳定性分析

证明过程如下：

$$\begin{aligned}
\dot{V}_u &= S_u^{\mathrm{T}}\dot{S}_u + \tilde{\xi}^{\mathrm{T}}B^{-1}\dot{\hat{\xi}} \\
&= S_u^{\mathrm{T}}\left[\left(G_bH_2 + G_aH_1 + G_a\dot{u}_d + G_a\overline{\tau}_d\right) - G_a\tilde{B}\left(\tau_c(k) + \tau_\xi(k)\right)\right] - \tilde{\xi}^{\mathrm{T}}B^{-1}\dot{\hat{\xi}} \\
&= G_cS_u^{\mathrm{T}}\dot{S}_s - S_u^{\mathrm{T}}G_a\tilde{B}_\xi(k) + S_u^{\mathrm{T}}G_a\overline{\tau}_d - \tilde{\xi}^{\mathrm{T}}B^{-1}\dot{\hat{\xi}} \\
&= G_cS_u^{\mathrm{T}}\dot{S}_s - S_u^{\mathrm{T}}\tanh\left(\frac{S_u}{D}\right)G_a\hat{\xi} + S_u^{\mathrm{T}}G_a\overline{\tau}_d - \tilde{\xi}^{\mathrm{T}}\left[G_a^{\mathrm{T}}\tanh\left(\frac{S_u}{D}\right)S_u - b\hat{\xi}\right]
\end{aligned} \tag{12.34}$$

$$\begin{aligned}
\dot{V}_u &\leqslant G_cS_u^{\mathrm{T}}\dot{S}_s + S_u^{\mathrm{T}}G_a\overline{\tau}_d - S_u^{\mathrm{T}}\left(\tanh\left(\frac{S_u}{D}\right)G_a\dot{\hat{\xi}} + \tanh\left(\frac{S_u}{D}\right)G_a\tilde{\xi}\right) - b\tilde{\xi}^{\mathrm{T}}\hat{\xi} \\
&\leqslant G_cS_u^{\mathrm{T}}\dot{S}_s + \left|S_u^{\mathrm{T}}\right|G_a\xi - S_u^{\mathrm{T}}\tanh\left(\frac{S_u}{D}\right)G_a\xi - b\tilde{\xi}^{\mathrm{T}}\hat{\xi}
\end{aligned} \tag{12.35}$$

由不等式 $0 \leqslant z\,|\,{-}z_i\tanh\left(z_v/b_c\right) \leqslant 0.2785b_c$ ，得出

$$\begin{aligned}
\dot{V}_u &\leqslant G_cS_u^{\mathrm{T}}\dot{S}_s + 0.2785G_aD^{\mathrm{T}}G_a\xi - b\tilde{\xi}^{\mathrm{T}}\hat{\xi} \\
&\leqslant G_cS_u^{\mathrm{T}}\dot{S}_s + 0.2785G_aD^{\mathrm{T}}G_a\xi - b\tilde{\xi}^{\mathrm{T}}(\xi - \tilde{\xi}) \\
&\leqslant G_cS_u^{\mathrm{T}}\dot{S}_s + 0.2785G_aD^{\mathrm{T}}G_a\xi - \frac{b}{2}\tilde{\xi}^{\mathrm{T}}\tilde{\xi} + \frac{b}{2}\xi^{\mathrm{T}}\xi
\end{aligned} \tag{12.36}$$

$$\dot{V}_u \leqslant G_c S_u^{\mathrm{T}} \dot{S}_s + 0.2785 G_a D^{\mathrm{T}} G_a \xi - \frac{b}{4}\tilde{\xi}^{\mathrm{T}}\tilde{\xi} + \frac{b}{2}\tilde{\xi}^{\mathrm{T}}\tilde{\xi} - \frac{b}{4}\|\tilde{\xi}\|^2 - \frac{b}{16} + \frac{b}{16}$$

$$\leqslant G_c S_u^{\mathrm{T}} \dot{S}_s - \frac{b}{4}\tilde{\xi}^{\mathrm{T}}\tilde{\xi} - \frac{b}{4}\|\tilde{\xi}\| + \frac{b}{16} + 0.2785 G_a D^{\mathrm{T}} G_a \xi + \frac{b}{2}\tilde{\xi}^{\mathrm{T}}\tilde{\xi} \qquad (12.37)$$

$$\leqslant -\zeta_1 V_u - \zeta_2 V_u^{0.5} + \varpi$$

12.4 仿真分析

最终可得仿真结果，如图 12.6～图 12.8 所示。图 12.6 为位姿坐标误差，从图中可以看出其可以在 12s 左右收敛，并且一直保持稳定，且稳定状态良好，不存在超调现象。而图 12.7 展示的是一个坐标跟踪期望轨迹的实际轨迹变化图，可以看到其不存在初试超调，而且跟踪效果较好。在使用新趋近律的时候，从图 12.8 可以看到其全局特性得到了一定优化，并且抖振得到了减弱，证明了该算法的优越性，且具有一定鲁棒性。

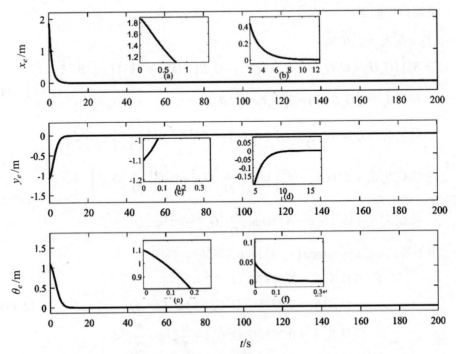

图 12.6　新型自适应有限时间滑模控制轨迹跟踪位姿误差图

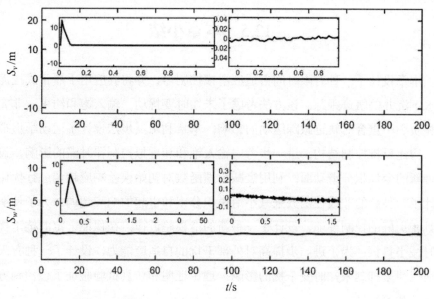

图 12.7　新型自适应有限时间滑模控制实际轨迹变化图

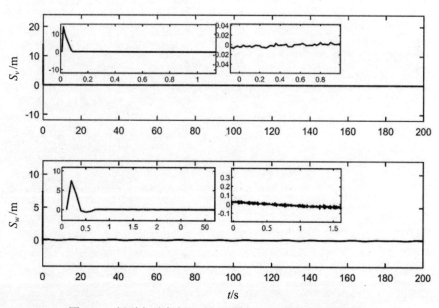

图 12.8　新型自适应有限时间滑模控制轨迹跟踪滑模面图

12.5　本章小结

本章设计了一种有限时间自适应滑模控制器，并将其应用于履带式挖泥机器人水下沉井的轨迹跟踪。该方法考虑了未知时变扰动、输入饱和约束、非完整约束和质心不重合对轨迹跟踪运动的影响。本章利用反步法设计了运动学虚拟控制律，构建反推控制结构；进一步考虑输入饱和和虚拟控制律时滞的影响，设计了一种新的全局积分滑动面；利用衰减前馈函数对初始误差响应超调进行优化，并设计了一种新的非线性函数来减小滑模积分饱和引起的响应超调；为了使滑模控制具有更好的控制性能，设计了一种新的滑模趋近律，在保证一定的抗干扰性的同时减小抖振；为了进一步提高对外部干扰的自适应能力，设计了一种有限时间自适应律来抑制未知时变干扰的影响。理论证明和仿真试验验证了该控制方法的有效性和可靠性。

参考文献

[1]   周昊，马径先. 中国桥梁建设现状及发展方向研究[J]. 科技创新与应用，2015，4（33）：225.

[2]   刘晓军. 论我国桥梁建设基本发展状况与走向[J]. 四川建材，2017，43（5）：115-116.

[3]   葛晖，徐德民，项庆睿. 自主式水下航行器控制技术新进展[J]. 鱼雷技术. 2007，15（3）：1-7.

[4]   FOSSEN T I. Handbook of Marine Craft Hydrodynamics and Motion Control[M]. A John Wiley&Sons, Ltd. Publication. 2011.

[5]   KIM D W. Tracking of REMUS Autonomous Underwater Vehicles with Actuator Saturations[J]. Automatica, 2015, 58: 15-21.

[6]   FANG M C, CHANG P E, LUO J H. Wave Effects on Ascending and Descending Motions of the Autonomous Underwater Vehicle[J]. Ocean Engineering, 2006, 33(14): 1972-1999.

[7]   MOREIRA L, SOARES C G. Designs for Diving and Course Control of an Autonomous Underwater Vehicle in Presence of Waves[J]. IEEE Journal of Oceanic Engineering, 2008, 33(2): 69-88.

[8]   DANTAS J L, Da CRUZ J J, DE BARROS E A. Study of Autonomous Underwater Vehicle Wave Disturbance Rejection in the Diving Plane[J]. Proceedings of the Institution of Mechanical Engineers Part M Journal of Engineering for the Maritime Environment, 2014, 228(2): 122-135.

[9]   张凯. 基于反步滑模算法的 AUV 三维航迹跟踪控制研究[D]. 大连：大连海事大学，2017.

[10]   马朋，张福斌，徐德民. 基于距离量测的双领航多 AUV 协同定位队形优化分析[J]. 控制与决策. 2017，33（2）：256-262.

[11]   武建勇. 基于变论域模糊方法的小型 AUV 控制系统设计[D]. 杭州：浙江大学，2017.

[12]   李晔，何佳雨，姜言清，等. AUV 归航和坐落式对接的半物理仿真[J]. 机器人，2017，

39（1）：119-128.

[13] 王芳，万磊，李晔. 欠驱动 AUV 的运动控制技术综述[J]. 中国造船，2010，51（2）：227-241.

[14] GRASMUECK M, EBERLI G P, VIGGIANO D A, et al. Autonomous Underwater Vehicle Mapping Reveals Coral Mound Distribution, Morphology, and Oceanography in Deep Water of Thestraits of Florida[J]. Geophysical Research Letters, 2006, 33(L23616): 1-6.

[15] 徐玉如，肖坤. 智能海洋机器人技术进展[J]. 自动化学报，2007，33（5）：518-521.

[16] 李景运. 轮式差速移动机器人轨迹跟踪控制方法[D]. 天津：天津大学，2008.

[17] KANELLAKOPOULOS I, KOKOTOVIC P V. Systematic design of adaptive controllers for feedback linearizable systems [J]. IEEE Transactions on Automatic Control, 1991, 36(11): 1241-1253.

[18] 俞建成，李强，张艾群. 水下机器人的神经网络自适应控制[J]. 控制理论与应用，2008，25（1）：9-13.

[19] MAI B L, CHOI H S, SEO J M, et al. Development and Control of a New AUV Platform[J]. Int.J. Control Autom. Syst.12, 2014: 886-894.

[20] WU Z, HU X, WU M, et al. An Experimental Evaluation of Autonomous Underwater Vehicle Localization on Geomagnetic Map[J]. Appl. Phys. Lett.2013.

[21] BIGGS J, HOLDERBAUM W. Optimal Kinematic Control of an Autonomous Underwater Vehicle[J]. IEEE Trans.Autom. Control, 2009, 54: 1623-1626.

[22] WANG Q Y, LI Y B, DIAO M, et al. Moving Base Alignment of a Fiber Opticgyro Inertial Navigation System for Autonomous Underwater Vehicle Using Doppler Velocitylog[J]. Optik, 2015(126): 3631-3637.

[23] KONDO H, SATO M, HOTTA T, et al. Development of a Marine Ecosystem and Micro Structure Monitoring AUV for Plankton Environment in Autonomous Underwater Vehicles(AUV)[C]. IEEE/OES 2014: 1-5.

[24] ZHU D, HUA X, SUN B. A Neurodynamics Control Strategy for Real-Time Tracking Control of Autonomous Underwater Vehicles[J]. J.Navig. 2014, 64: 113-127.

[25] 廖煜雷，庄佳园，李晔，等. 欠驱动无人艇轨迹跟踪的滑模控制方法[J]. 应用科学学报，2011，29（4）：428-434.

[26] ELMOKADEM T, ZRIBI M, YOUCEF-TOUMI K. Terminal Sliding Mode Control for the Trajectory Tracking of Underactuated Autonomous Underwater Vehicles[J]. Ocean Engineering, 2017, 129: 613-625.

[27] REZAZADEGAN F, SHOJAEI K, SHEIKHOLESLAM F. A Novel Approach to 6-DOF Adaptive Trajectory Tracking Control of an AUV in the Presence of Parameter Uncertainties[J]. Ocean Engineering, 2015, 107: 246-258.

[28] CRASTA N, BAYAT M, AGUIAR A P, et al. Observability Analysis of 3D AUV Trimming Trajectories in the Presence of Ocean Currents Using Range and Depth Measurements[J]. Annual Reviews in Control, 2015, 40: 142-156.

[29] XIANG X B, LAPIERRE L, JOUVENCEL B. Smooth Transition of AUV Motion Control: From Fully-Actuated to Under-Actuated Configuration[J]. Robotics and Atonomous Systems, 2015, 67: 14-22

[30] REPOULIAS F, PAPADOPOULOS E. Planar Trajectory Planning and Tracking Control Design for Underactuated AUVs[J]. Ocean Engineering, 2007, 34: 1650-1667.

[31] LI Y, WEI C, WU Q, et al. Study of 3 Dimension Rajectory Tracking of Underactuated Autonomo Usunderwater Ehicle[J]. Ocean Engineering, 2015, 105: 270-274.

[32] KAMINER I, PASCOAL A, HALLBERG E, et al. Trajectory Tracking for Autonomous Vehicles: Anintegrated Approach to Guidance and Control[J]. Journal Guidance, Control and Dynamics, 1998, 21(1): 29-38.

[33] DO K D, PAN J, JIANG Z P. Robust and Adaptive Path Following for Underactuated Autonomous Underwater Vehicles[J]. Ocean Engineering, 2004, 31(16): 1967-1997.

[34] BREIVIK M, FOSSEN T I. Guidance-Based Path Following for Autonomous Underwater Vehicles[C]. Proceedings of IEEE/MTS OCEANS. Piscataway, USA, 2005: 2807-2814.

[35] REPOULIAS F, PAPADOPOULOS E. Planar Trajectory Planning and Tracking Control Design for Underactuated AUVs[J]. Ocean Engineering, 2007, 34(11): 1650-1667.

[36] AGUIAR A P, HESPANHA J P. Trajcctory-Tracking and Path-Following of Underactuated Autonomous Vehicles With Parametric Modeling Uncertainty[C]. IEEE Transition on Automatic Control, 2007, 52(8): 1362-1379.

[37] REPOULIAS F, PAPADOPOULOS E. Planar Trajectory Planning and Tracking Control

Design for Under Actuated AUVs[J]. Ocean Engineering, 2007, 34: 1650-1667.

[38] WOOLSEY C A, TECHY L. Cross-Track Control of a Slender, Underactuated AUV Using Potential Shaping[J]. Ocean Engineering, 2009, 36: 82-91.

[39] OH S R, SUN J. Path Following of Underactuated Marine Surface Vessels Using Line-of-Sight Based Model Predictive Control[J]. Ocean Engineering, 2010, 37(3): 289-295.

[40] 高剑，徐德民，刘明雍，等. 欠驱动自主水下航行器轨迹跟踪控制[J]. 西北工业大学学报，2010，28（3）：404-408.

[41] 严浙平，高鹏，牟春晖，等. 欠驱动 AUV 的空间直线路径跟踪控制[J]. 传感器与微系统，2011，30（11）：79-82.

[42] 贾鹤鸣. 基于反步法的欠驱动 AUV 空间目标跟踪非线性控制方法研究[D]. 哈尔滨：哈尔滨工程大学，2012：43-44.

[43] 贾鹤鸣，张利军，齐雪，等. 基于神经网络的水下机器人三维航迹跟踪控制[J]. 控制理论与应用. 2012，29（7）：877-883.

[44] 贾鹤鸣，程相勤，张利军，等. 基于离散滑模预测的欠驱动 AUV 三维航迹跟踪控制[J]. 控制与决策，2011，26（10）：1452-1458.

[45] 万磊，张英浩，孙玉山，等. 欠驱动智能水下机器人的自抗扰路径跟踪控制[J]. 上海交通大学学报，2014，48（12）：1727-1731.

[46] 周佳加，严浙平，贾鹤鸣，等. 改进规则下自适应神经网络的 AUV 水平面路径跟随控制[J]. 中南大学学报（自然科学版），2014，45（9）：3021-3028.

[47] 朱大奇，杨蕊蕊. 生物启发神经动力学模型的自治水下机器人反步跟踪控制[J]. 控制理论与应用，2012，29（10）：1309-1316.

[48] SUN B, ZHU D, YANG S X. A Bioinspired Filtered Backstepping Tracking Control of 7000-m Manned Submarine Vehicle[J]. IEEE Transactions on Industrial Electronics, 2014, 61(7): 3682-3693.

[49] SUN B, ZHU D, YANG S X, A Bio-Inspired Cascaded Approach for Three-Dimensional Tracking Control of Unmanned Underwater Vehicles[J]. International Journal of Robotics and Automation, 2014, 29(4): 349-358.

[50] 徐健，汪慢，乔磊. 欠驱动无人水下航行器三维轨迹跟踪的反步控制[J]. 控制理论与应用，2014，31（11）：1589-1596.

[51] 徐健，汪慢，乔磊，等. 欠驱动 AUV 三维轨迹跟踪的反步动态滑模控制[J]. 华中科技大学学报（自然科学版），2015（8）：107-113.

[52] 吴琪. 欠驱动智能水下机器人的三维轨迹跟踪控制方法研究[D]. 哈尔滨：哈尔滨工程大学，2013.

[53] 汤莉. AUV 神经网络水平面航迹跟踪控制研究[D]. 哈尔滨：哈尔滨工程大学，2009.

[54] 张利军，贾鹤鸣，边信黔，等. 基于 L2 干扰抑制的水下机器人三维航迹跟踪控制[J]. 控制理论与应用，2011，28（5）：645-651.

[55] 王璐，张利军，王红滨，等. 非线性迭代滑模的欠驱动 AUV 路径跟踪控制[J]. 计算机工程与应用，2012，47（27）：239-242.

[56] LI S H, WANG X Y. Finite-Time Consensus and Collision Avoidance Control Algorithms for Multiple AUVs[J]. Automatica, 2013. 49: 3359-3367.

[57] DANTAS J, BA RROS E. Numerical Analysis of Control Surface Effects on AUV Manoeuvrability[J]. Applied Ocean Research, 2013, 42: 168-181.

[58] SARHADI P, NOEI A R, KHOSRAVI A. Adaptive Integral Feed Back Controller for Pitch and Yaw Channels of an AUV with Actuator Saturations[J]. ISA Transactions, 2016, 65: 284-295.

[59] ZHAO X F, LIU Y S. Improving the Performance of an AUV Hovering System by Introducing Low-Cost Flow Rate Control into Water Hydraulic Variable Ballast System[J]. Ocean Engineering, 2016, 125: 155-169.

[60] ZHANG T, LI D J, YANG C J. Study on Impact Process of AUV Underwater Docking with a Cone-Shaped Dock[J]. Ocean Engineering, 2017, 130: 176-187.

[61] XIANG X B, LAPIERRE L, JOUVENCEL B. Smooth Transition of AUV Motion Control: From Fully-Actuated to Under-Actuated Configuration[J]. Robotics and Autonomous Systems, 2015, 67: 14-22.

[62] NGUYEN B, HOPKIN D. Modeling Autonomous Underwater Vehicle Operations in Minehunting[C]. Oceans 2005-Europe, 2005(1): 533-538.

[63] SHUPE L, MCGEER T. A Fundamental Mathematical Model of the Longitudinal and Lateral/Directional Dynamics of the DOLPHIN Type Unmanned Semi Submersible[C]. Proceedings of the 1987 EREP/RRMC Military Robotic Applications Workshop, Victorio, 1987: 171-181.

[64] UENO M, NIMURA T. An Analysis of Steady Descending Motion of a Launcher of a Compact Deep-Sea Monitoring Robot System[C]. Oceans 2002 Conference and Exhibition, Tokyo, 2002: 277-284.

[65] KRISHNANURTHY P, KHORRAMI F, FUJIKAWA S. A Modeling Framework for Sixdegree-of-Freedom Control of Unmanned Sea Surface Vehicles[C]. Proceedings of the 44th IEEE Conference on Decision and Control, and the European Control Conference. Seville, Spain, 2005: 2676-2681.

[66] CACCIA M. The Sea-Surface Autonomous Modular Unit Project[J]. Sea Technology, 2004, 45(9): 46-51.

[67] CACCIA M, BONO R, BRUZZONE G A. Design and Exploitation of an Autonomous Surface Vessel for the Study of Sea-Air Interactions[C]. Proceedings of the 2005 IEEE International Conference on Robotics and Automation, Barcelona 2005. Piscataway: IEEE, 3582-3587.

[68] CACCIA M, BONO R, BRUZZONE G, et al. Sampling Sea Surfaces with SESAMO: an Autonomous Craft for the Study of Sea-Air Interactions[C] J.IEEE Robotics & Automation Magazine, 2005, 12(3): 95-105.

[69] 吴立成，孙富春，袁海斌. 水上行走机器人[J]. 机器人，2010，32（3）：443-448.

[70] 燕奎臣，袁学庆，秦宝成. 一种水面救助机器人[J]. 机器人，2001，23（6）：493-497.

[71] RICHARDS R J, STOTEN D P. Depth Control of a Submersible Vehicle[J]. International Shipbuilding Progress, 1981: 28, 30-39.

[72] HEALEY A J, LIENARD D. Multivariable Sliding-Mode Control for Autonomous Diving and Steering of Unmanned Underwater Vehicles[J]. IEEE Journal of Oceanic Engineering, 1993, 18(3): 327-339.

[73] BESSA W M, DUTRA M S, KREUZER E. Depth Control of Remotely Operated Underwater Vehicles Using an Adaptive Fuzzy Sliding Mode Controller[J]. Robotics and Autonomous Systems, 2008, 56(8): 670-677.

[74] SINGH H, YOERGER D, BRADLEY A. Issues in AUV Design and Deployment for Ocean Ographic Research[C]. In: Proceedings of the 1997 IEEE International Conference on Robotics and Automation, Albuquerque, New Mexico, USA, 1997: 1857-1862.

[75]　GOODMAN L, LEVINE E R, WANG Z. Subsurface Observations of Surface Waves from Anautonomous Underwater Vehicle[J]. IEEE Journal of Oceanic Engineering, 2010, 35(4): 779-784.

[76]　FANG M C, CHANG P E, LUO J H. Wave Effects on Ascending and Descending Motions of Theautonomous Underwater Vehicle[J]. Ocean Engineering, 2006, 33(14-15): 1972-1999.

[77]　OSTAFICHUK P M. AUV Hydrodynamic and Modelling for Improved Control [D]. Canada: The University of British Columbia, 2004.

[78]　AUSTER P J. ROV Technologies and Utilization by the Science Community[J]. Marine Technology Society Journal, 1997, 31(3): 72.

[79]　MARTIN S C, WHITCOMB L L. FULLY Actuated Model-Based Control with Six-Degree-of-Freedom Coupled Dynamical Plant Models for Underwater Vehicles: Theory and Ex-Perimental Evaluation[J]. International Journal of Robotics Research, 2016, 35(10): 1164-1184.

[80]　杨胜梅，赵秋云. 水下机器人的应用现状[J]. 水利水电快报，2015，36（11）：29-31.

[81]　MCPHAIL S D, FURLONG M E, PEBODY M, et al. Exploring Beneath the PIG Ice Shelf with the Autosub3 AUV[C] Oceans 2009-Europe. 2009: 1-8.

[82]　ALLEN B, STOKEY R, AUSTIN T, et al. REMUS: a Small, Low Cost AUV; System Description, Field Trials and Performance Results[C] Oceans. 1997: 994-1000 vol.2.

[83]　ERIKSEN C C, OSSE T J, LIGHT R D, et al. Seaglider: a Long-Range Autonomous Under-Water Vehicle for Oceanographic Research[J]. IEEE Journal of Oceanic Engineering, 2001, 26(4): 424-436.

[84]　马伟锋，胡震. AUV 的研究现状与发展趋势[J]. 火力与指挥控制，2008，33（6）：10-13.

[85]　山本喜多男. 如何制造出畅销的机器人——水中电视机器人[J]. 日本机器人学会杂志，1995，13（6）：780-783.

[86]　WIKIPEDIA S. Robotic submarines[M]. US: Books LLC, Reference Series, 2011: 40-44.

[87]　BINGHAM B, MINDELL D, WILCOX T, et al. Integrating Precision Relative Positioning into JASON/MEDEA ROV Operations[J]. Marine Technology Society Journal, 2006, 40(1): 87-96.

[88]　BARRY J P, HASHIMOTO J. Revisiting the Challenger Deep Using the ROV Kaiko[J].

Marine Technology Society Journal, 2009, 43(5): 77-78.

[89]   SHEPHERD K, JUNIPER S K. ROPOS: Creating a Scientific Tool from an Industrial ROV[J]. Marine Technology Society Journal, 1997, 31(3): 48-54.

[90]   晏勇，马培荪，王道炎，等. 深海 ROV 及其作业系统综述[J]. 机器人，2005，27（1）：82-89.

[91]   CHO B H, BYUN S H, SHIN C H, et al. KeproVt: Underwater Robotic System for Visual Inspection of Nuclear Reactor Internals[J]. Nuclear Engineering and Design, 2004, 231(3): 327-335.

[92]   PARK J Y, CHO B H, LEE J K. Trajectory-Tracking Control of Underwater Inspection Robot for Nuclear Reactor Internals Using Time Delay Control[J]. Nuclear Engineering and Design, 2009, 239(11): 2543-2550.

[93]   NAWAZ S, HUSSAIN M, WATSON S, et al. An Underwater Robotic Network for Monitoring Nuclear Waste Storage Pools[C] International ICST Conference. 2009: 236-255.

[94]   ODAKURA M, KOMETANI Y, KOIKE M, et al. Advanced Inspection Technologies for Nuclear Power Plants[J]. Hitachi Review, 2009, 58(2): 82-87.

[95]   LEE S U, CHOI Y S, JEONG K M, et al. Development of a Tele-operated Underwater Robotic System for Maintaining a Light-Water Type Power Reactor[C] SICE-ICASE, 2006. International Joint Conference. 2006: 3017-3021.

[96]   AIDAN O D. Handbook of PI and PID Controller Tuning Rules[M]. London: Imperial College Press, 2006.

[97]   DONG E Z, CHEN Z Q, YUAN Z Z. Control and Synchronization of Chaos Systems Based on Neural Network PID Controller[J]. Journal of Jilin University (Engineeringand Technology Edition), 2007, 37(3): 646-650.

[98]   JULIO A R, ROBERTO S, PEDRO B. PI and PID Auto-Tuning Procedure Based on Simplified Single Parameter Optimization[J]. Journal of Process Control, 2011, 21(6): 840-851.

[99]   PRABHAKAR S、Buckham B. Dynamics Modeling and Control of a Variable Length Remotely Operated Vehicle Tether[C]. Proceedings of MTS/IEEE Oceans, 2005, Washington, DC. USA. Vol.2, 1255-1262.

[100] HOU S P, CHEAH C C. PD Control Scheme for Formation Control of Multiple Autonomous Underwater Vehicles[C]. IEEE/ASME International Conference on Advanced Intelligent Mechatronics. 2009, Singapore, 356-361.

[101] TEHRANI N H, HEIDARI M, ZAKERI Y, et al. Development, Depth Control and Stability Analysis of an Underwater Remotely Operated Vehicle (ROV)[C]. 2010 8th IEEE International Conference on Control and Automation, 2010, Xiamen, China, 1449-1456

[102] NOH M M, ARSHAD M R, MOKHTAR R M. Depth and Pitch Control of USM Underwater Glider: Performance Comparison PID vs.LQR[J]. Indian Journal of Geo-Marine Sciences, 2011, 40(2): 200-206.

[103] SHANG L, WANG S, TAN M. Fuzzy Logic PID Based Control Design for a Biomimetic Underwater Vehicle with Two Undulating Long-Fins[C]. 2010 IEEE/RSJ International Conference on Intelligent Robots and Systems (IROS), 2010, Taipei, Taiwan. China, 922-927.

[104] MA W, PANG Y, JIANG C, et al. Research on the Optimization of PID Control of Remotely Operated Underwater Vehicle[C]. 2011 International Conference on Computer Science and Service System (CSss), 2011, Nanjing, China, 3525-3528.

[105] DONG E, GUO S, LIN X, et al. A Neural Network-Based Self-Turning PID Controller of an Autonomous Underwater Vehicle[C]. Proceedings of 2012 IEEE International Conference on Mechatronics and Automation, 2012. Chengdu, China, 898-903.

[106] 贾鹤鸣，程相勤，张利军，等. 基于离散滑模预测的欠驱动 AUV 三维航迹跟踪控制[J]. 控制与决策，2011，26（10）：1452-1458.

[107] GUAN C, PAN S. Adaptive Sliding Mode Control of Electro-Hydraulic System with Nonlinear Unknown Parameters[J]. Control Engineering Practice, 2008, Vol.16: 1275-1284.

[108] BESSA W M, KREUZER E. Sliding Mode Control of a Remotely Operated Underwater Vehicle with Adaptive Fuzzy Dead-Zone Compensation[C]. 82nd Annual Meeting of the International Association of Applied Mathematics and Mechanics (GAMM). 2011, Graz, Austria, 802-804.

[109] 戴学丰，边信黔. 6 自由度水下机器人轨迹控制仿真研究[J]. 系统仿真学报，2001，13（3）：368-375.

[110] BESSA W M, DUTRA M S, KREUZER E. Depth Control of Remotely Operated Underwater

Vehicles Using an Adaptive Fuzzy Sliding Mode Controller[J]. Robot. Autan. Syst. 2008, 56(8): 670-677.

[111] ZHU K, GU L. A MIMO Nonlinear Robust Controller for Work-Class ROVs Positioning and Trajectory Tracking Control[C]. 2011 Chinese Control and Decision Conference(CCDC), 2011, Mianyang, China, 2570-2575.

[112] BESSA W M, DUTRA M S, KREUZER E. Sliding Mode Control with Adaptive Fuzzy Dead-Zone Compensation of an Electro-Hydraulic Servo-System[J]. Journal of Intelligent Robot System, 2010, Vol.58: 3-16.

[113] CHIELLA A B C, SANTOS C H F D. NABEYAMA G. Nonlinear Control of Underwater Vehicle Applied to Inspect Dams[C]. 12th Pan-American Congress of Applied Mechanics, 2012, Spain, 1-6.

[114] YANG H. MA J. Nanlinear Control for Autonomous Underwater Glider Motion Based on Inverse System Method[J]. Jounal of Shanghai Jiaotong University(Science Edition.). 2010, 15(6): 713-718.

[115] SUN B, ZHU D. A Chattering-Free Sliding-Mode Control Design and Simulation of Remotely Operated Vehicles[C]. 2011 Chinese Control and Decision Conference (CCDC), 2011, Mianyang, China, 4181-4186.

[116] ANTONELLI G, CACCAVALE F, CHIAVERINI S. Adaptive Tracking Control of Underwater Vehicle-Manipulator Systems Based on the Virtual Decomposition Approach[C]. IEEE Trans. on Rob otics and Automation, 2004, 20(3): 594-602.

[117] DO K D, PAN J, JIANG Z P. Robust and Adaptive Path Following for Underactuated Autonomous Underwater Vehicles[J]. Ocean Engineering, 2004, 31(16): 1967-1997.

[118] JORDAN M A, BUSTAMANTE J L. An Adaptive Control System for Perturbed ROVs in Discrete Sampling Missions with Optimal-Time Characteristics[C]. Proceedings of IEEE 46th Conference on Decision and Control, 2007, New Orleans, USA, 1300-1305.

[119] HOANG N Q, KREUZER E. Adaptive PD-Controller for Positioning of a Remotely Operated Vehicle Close to an Underwater Structure: Theory and Experiments[J]. Control Engineering Practice, 2007, 15: 411-419.

[120] MARZBANRAD A R, EGHTESAD M, KAMALI R. A Robust Adaptive Fuzzy Sliding Mode

Controller for Trajectory Tracking of ROVs[C]. In Proceedings of CDC-ECE, 2011, Orlando, FL, USA, 2863-2870.

[121] ISHII K, URA T. An Adaptive Neural-Net Controller System for an Underwater Vehicle[J]. Control Engineering Practice, 2000, 8(2): 177-184.

[122] ANTONELLI G, CHIAVERINI S, SARKAR N, et al. Adaptive Control of an Autonomous Underwater Vehicle: Experimental Results on ODN[J]. IEEE Transactions on Control Systems Technology, 2001, 9(5): 756-765.

[123] JORDAN M A, BUSTAMANTE J L. A Speed-Gradient Adaptive Control with State/Disturbance Observer for Autonomous Subaquatic Vehicles[C]. Proceedings of IEEE 45th Conference on Decision and Control, 2006, San Diego, USA, 2008-2013.

[124] ISMAIL Z H, DUNNIGAN M W. Adaptive Robust Tracking Control of an Underwater Vehicle-Manipulator System with Sub-Region and Self-Motion Criteria[J].Journal of Control and Intelligent Systems, 2012, 40(1): 165-177.

[125] KHANMOHAMMADI S, ALIZADEH G, POORMAHMOOD M. Design of a Fuzzy Controller for Underwater Vehicles to Avoid Moving Obstacles[C]. IEEE International Fuzzy Systems Conference, 2007, London, 1-6.

[126] KUMAR G, RAO K, SOBHAN P, et al. Robustness of Fuzzy Logic Based Controller for Unmanned Autonomous Underwater Vehicle[C]. IEEE Region 10 and the Third International Conference on Industrial and Information Systems, 2008, Kharagpur, 1-6.

[127] AYOB S M, AZLI N A, SALAM Z. PWM D-AC Converter Regulation Using a Multi-Loop Single Input fuzzy PI Controller[J]. Journal of Power Electronics, 2009, 9(1): 124-131.

[128] PEREZ T, SMOGELI N, FOSSEN T I, et al. An Overview of the Marine Systems Simulator(MSS): a Simulink Toolbox for Marine Control Systems[M]. Madelling Identification and Control, 2006(27), 259-275.

[129] TONG S, LI Y. Observer-Based Fuzzy Adaptive Control for Strict-Feedback Nonlinear Systems[J]. Fuzzy Sets and Systems, 2009, 160(12): 1749-1764.

[130] BESSA W M, DUTRA M S, KREUZER E. An Adaptive Fuzzy Sliding Mode Controller for Remotely Operated Underwater Vehicles[J]. Robotics and Autonomous Systems. 2010, 58(1): 16-26.

[131] GUO J, CHIU F C, HUANG C C. Design of a Sliding Mode Fuzzy Controller for the Guidance and Control of an Autonomous Underwater Vehicle[J]. Ocean Engineering.2003, Vol.30: 2137-2155.

[132] SAGHAFI M H, KASHANI H, MOZAYANI N, et al. Developing a Tracking Algorithm for Underwater ROV Using Fiuzzy Logic Controller[C]. 5th Iranian Conference on Fuzzy Systems, 2004, Tehran, 17-25.

[133] AMJAD M, ISHAQUE K, ABDULLAH S S, et al. An Alternative Approach to Design a Fuzzy Logic Controller for an Autonomous Underwater Vehicle[C]. 2010 IEEE Conference on Cybernetics and Intelligent Systems (CIS), 2010, Singapore, 195-200.

[134] ISHAQUE K, ABDULLAH S S, AYOB S M, et al. Single Input Fuzzy Logic Controller for Unmanned Underwater Vehicle[J]. Journal of Intelligent Robot System, 2010(59): 87-100.

[135] SALMAN S A, ANAVATTI S M, ASOKAN T. Adaptive Fuzzy Control of Unmanned Underwater Vehicles[J]. Indian Journal of Geo-Marine Sciences, 2011, 40(2): 168-175.

[136] CHATCHAnNAYUENYONG T, PARNICHKUN M. NEURAL Network Based-Time Optimal Sliding Mode Control for an Autonomous Underwater Robot[J]. Mechatronics, 2007, 16: 471-478.

[137] LI J H, LEE P M, HONG S W, et al. Stable Nonlinear Adaptive Controller for an Autonomous Underwater Vehicle Using Neural Networks[J]. International Journal of Systems Science, 2007, 38(4): 327-337.

[138] PANDIAN S R, SAKAGAMI N A. A Neuro-Fuzzy Controller for Underwater Robot Manipulators[C]. Proceedings of the 11th International Conference on Control Automation Robotics and Vision, 2010, Singapore, 2135-2140.

[139] BAGHERI A, KARIMI T, AMANIFARD N. Tracking Performance Control of a Cable Communicated Underwater Vehicle Using Adaptive Neural Network Controllers[J]. Applied Soft Computing, 2010, 10(3): 908-918.

[140] FERNANDES J M M, TANAKA M C, BESSA W M. A Neural Network Based Controller for Underwater Robotic Vehicles[C]. 21st International Congress of Mechanical Engineering, 2011, Natal.RN, Brazil, 1-9.

[141] BAGHERI A, AMANIFARD N, KARIMI T, et al. Adaptive Neural Network Control of an

Underwater Remotely Operated Vehicle(ROV)[C]. Proceedings of the 10th WSEAS International Conference on Computers. Vouliagmeni. Athens. Greece. 2006, 614-619.

[142] SHI Y, QIAN W, YAN W, et al. Adaptive Depth Control for Autonomous Underwater Vehicles Based on Feedforward Neural Networks[J]. International Journal of Computer Science & Applications, 2007, 4(3): 107-118.

[143] BIAN X, ZHOU J, JIA H. Adaptive NN Control System of Bottom Following for an Underactuated AUV[C]. OCEANS'10 MTS/IEEE Seattle, 2010, 1-6.

[144] GUERRERO G A, GARCIA C F, GILABERT J. A Biologically Inspired Neural Network for Navigation with Obstacle Avoidance in Autonomous Underwater and Surface Vehicles[C]. IEEE OCEANS 2011, Santander 1-8.

[145] LI J H, LEE P M. Design of an Adaptive Nonlinear Controller for Depth Control of an Autonomous Underwater Vehicle[J]. Ocean Engineering, 2005, 32(6): 2165-2181.

[146] AGUIAR A P, PASCOAL A M. Dynamic Positioning and Way-Point Tracking of Underactuated AUVs in the Presence of Ocean Currents[J]. International Journal of Control, 2007, 80(7): 1092-1108.

[147] LAPIERRE L, JOUVENCEL B. Robust Nonlinear Path-Following Control of an AUV[J]. IEEE Journal of Oceanic Engineering, 2008, 33(2): 89-102.

[148] TONG S, LI C, LI Y. Fuzzy Adaptive Observer Backstepping Control for MIMO Nonlinear Systems[J]. Fuzzy Sets and Systems, 2009, 160(19): 2755-2775.

[149] TONG S C, HE X L, ZHANG H G. A Combined Backstepping and Small-Gain Approach to Robust Adaptive Fuzzy Output Feedback Control[J]. IEEE Transactions on Fuzzy Systems, 2009, 17(5): 1059-1069.

[150] HAN Y, BI X, TAO B. Dynamic Inversion Control Based on Backstepping for Underwater High-Speed Vehicle[C]. 8th World Congress on Intelligent Control and Automation (WCICA), 2010, Jinan, China, 3868-3871.

[151] DO K D, PAN J, JIANG Z P. Robust and Adaptive Path Following for Underactuated Autonomous Vehicles[J]. Ocean Engineering, 2004, 31: 1967-1977.

[152] WANG Y, YAN W, BO G, et al. Backstepping-Based Path Following Control of an Underactuated Autonomous Underwater Vehicle[C]. Proceedings of the 2009 IEEE

International Conference on Information and Automation, 2009, Zhuhai/Macau, China, 466-471.

[153]　GE H, JING Z L. Weather Optimal Dynamic Positioning Control of Fully Actuated Autonomous Underwater Vehicles with Current[J]. Journal of ShangHai JiaoTong University (Science), 2011, 45(7): 961-965.

[154]　SANTHAKUMAR M. Proportional-Derivative Observer-Based Backstepping Control for an Underwater Manipulator[J]. Mathematical Problems in Engineering, 2011: 1-18.

[155]　BI F Y, WEI Y J, ZHANG J Z, et al. Position-tracking Control of Underactuated Autonomous Underwater Vehicles in the Presence of Unknown Ocean Currents[J]. Control Theory & Applications, IET, 2010, 4(11): 2369-2380.

[156]　KUMAR R P, DASGUPTA A, KUMAR C S. Robust Trajectory Control of Underwater Vehicles Using Time Delay Control Law[J]. Ocean Engineering, 2007, 34: 842-849.

[157]　ROCHE E, SENAME O, SIMON D. LPV/ H ∞ Control for Autonomous Underwater Vehicles[C]. In Proceedings of the IFAC SSSC, 2010.Ancona, Italy.1-5.

[158]　VARRIER S. Robust Control of Autonomous Underwater Vehicles[D]. Grenoble INP, France, 2010.

[159]　ROBERT D, SENAME O, SIMON D. An LPV Design for Sampling Varying Controllers: Experimentation with a T-Inverted Pendulum[J]. IEEE Transactions on Control Systems Technology, 2010, 18(3): 741-749.

[160]　ROCHE E, SENAME O, SIMON D, et al. A Hierarchical Varying Sampling H. Control of an AUV[C]. The 18th World Congress of the International Federatian of Automatic Control (IFAC), 2011, Milano, Italy, 1-6.

[161]　熊华胜，边信黔，施小成. 鲁棒 H. 滤波器在 AUV 航向控制中的应用仿真[J]. 机器人，2005，27（6）：526-529.

[162]　WEST M E. Robust H-infinity Methos Towards the Control and Navigation of Axtonomous Underwater Vehicles[D]. University of Hawai' i, 2006.

[163]　AGHABABA M P, AKBARI M E. A Robust H. Speed Tracking Controller for Underwater Vehicles Via Particle Swarm Optimization[J]. International Journal of Scientific & Engineering Research, 2011, 2(5): 1-7.

[164] NAKANURA M, ISHIBASHI S, HYAKUDOME T, et al. Field Experiments on Direction Control of AUV MR-X1[C]. Proceedings of the 21th International off Shore and Polar Engineering Conference, Hawaii. USA, 2011, 300-306.

[165] FOLCHER J P. LMI-Based Anti-Wind up Control for an Underwater Robot with Propellers Saturations[C]. Proceedings of the 2004 IEEE International Conference on Control Applications, 2004, Taipei, China, Vol.1: 32-37.

[166] LEE S U, CHOI Y S, JEONG K M, et al. Development of an Underwater Manipulator for Maintaining Nuclear Power Reactor[C]. 2007 International Conference on Control, Automation and Systems. Korea: IEEE, 2007: 1006-1010.

[167] OFFER H, WELSH C, JONES W D, et al. Manipulator for Remote Activities in a Nuclear Reactor Vessel: US, US Patent App. 12/385, 036[P]. 2010-9-30.

[168] 封锡盛，李一平，封锡盛，等. 海洋机器人 30 年[J]. 科学通报，2013，58（s2）：2-7.

[169] FENG X. From Remotely Operated Vehicles to Autonomous Undersea Vehicles[J]. Engineering Science, 2000.

[170] 余雄，唐晓东. 国内外几种水下机器人的性能对比与分析[J]. 机器人技术与应用，1997（1）：18-21.

[171] 刘涛，徐芑南，王惠铮，等. "CR-02" 6000m 无人自治水下机器人载体系统[J]. 船舶力学，2002，6（6）：114-119.

[172] 徐诗婧. 开架式 ROV 水动力特性与运动仿真研究[D]. 哈尔滨：哈尔滨工程大学，2018：100-110.

[173] 贾鹤鸣. 基于反步法的欠驱动 UUV 空间目标跟踪非线性控制方法研究[D]. 哈尔滨：哈尔滨工程大学，2012：24-44.

[174] 陈灏. "大洋一号" 青岛起航 "潜龙" "海龙" 将双双入海[J]. 科技传播，2018（6）：45-48.

[175] FIERRO R, LEWIS F L. Control of a Nonholonomic Mobile Robot: Backstepping Kinematics into Dynamics[J]. Journal of Robotic Systems, 1997, 14(3): 149-163.

[176] 赵韩，尹晓红，吴焱明. 非完整约束 AGV 轨迹跟踪的非线性预测控制[J]. 中国机械工程，2011，22（6）：681-686.

[177] SHOJAEI K, SHAHRI A M. Adaptive Robust Time-Varying Control of Uncertain

Non-Holonomic Robotic Systems[J]. IET Control Theory & Applications, 2011, 6(1): 90-102.

[178] 孙棣华，崔明月，李永福. 具有参数不确定性的轮式移动机器人自适应 backstepping 控制[J]. 控制理论与应用，2012，29（9）：1198-1204.

[179] HWANG E J, KANG H S, HYUN C H, et al. Robust Backstepping Control Based on a Lyapunov Redesign for Skid-Steered Wheeled Mobile Robots[J]. Internarional Journal of Advanced Robotic Systems. 2013, 10(26): 1-8.

[180] MIAO Z, WANG Y. Adaptive Control for Simultaneous Stabilizaion and Tracking of Unicycle Mobile Robots[J]. Asian Journal of Control, 2015, 17(6): 2277-2288.

[181] 沈智鹏，张晓玲. 带扰动补偿的移动机器人轨迹跟踪反演控制[J]. 控制工程，2019，26（3）：398-404.

[182] 陈勇，刘哲，乔健，等. 等轮式机器人移动过程中滑模控制策略的研究[J]. 控制工程，2021，28（5）：8.

[183] 董莉莉，梁振英，金增珂，等. 不确定链式系统的动力学自适应跟踪控制[J]. 控制工程，2020，27（6）：962-970.

[184] 郭一军. 非完整轮式移动机器人鲁棒轨迹跟踪控制研究[D]. 杭州：浙江工业大学，2019.

[185] FUKAO T, NAKAGAWA H, ADACHI N. Adaptive Tracking Control of a Nonholonomic Mobile Robot[J]. IEEE Transations on Robotics and Automation, 2002. 16(5): 609-615.

[186] DONG W, KUHNERT K D. Robust Adaptive Control of Nonholonomic Mobile Robot with Paramer and Nonparameter Uncertainties[J]. IEEE Transactions on Robotics, 2005, 21(2): 261-266.

[187] PARK B S, YOO S J, PARK J B, et al. A Simple Adaptive Control Approach for Trajectory Tracking of Electrically Driven Nonholonomic Mobile Robots [J]. IEEE Transactions on Control Systems Technology, 2010. 18(5): 1199-1206.

[188] GUO P, LIANG Z, WANG X, et al. Adaptive Trajectory Tracking of Wheeled Mobile Robot Based on Fixed-Time Convergence with Uncalibrated Camera Parameters[J]. ISA Transactions, 2020, 99: 1-8.

[189] CHEN Z, LIU Y, HE W, et al. Adaptive Neural Network-Based Trajectory Tracking Control for a Nonholonomic Wheeled Mobile Robot with Velocity Constraints[J]. IEEE Transactions on Industrial Electronics, 2020, 68(6): 5057-5067.

[190] 刘金琨，孙富春. 滑模变结构控制理论及其算法研究与进展[J]. 控制理论与应用，2007，24（3）：407-418.

[191] 范其明，吕书豪. 移动机器人的自适应神经网络滑模控制[J]. 控制工程，2017，24（7）：1409-1414.

[192] GOSWAMI N K, PADHY P K. Sliding Mode Controller Design for Trajectory Tracking of a Non-Ho-Lonomic Mobile Robot with Disturbance[J]. Computers and Electrical Engineering, 2018, 72: 307-323.

[193] MATRAJI I, AL-DURRA A, HARYONO A, et al. Trajectory Tracking Control of Skid-Steered Mobile Robot Based on Adaptive Second Order Sliding Mode Control[J]. Control Engineering Practice, 2018, 72: 167-176.

[194] 宋立业，邢飞. 移动机器人自适应神经滑模轨迹跟踪控制[J]. 控制工程，2018，25（11）：1965-1970.

[195] 彭继慎，仇文超，李军锋，等. 农业轮式移动机器人反演自适应滑模轨迹跟踪控制[J]. 计算机应用与软件，2019，36（11）：86-90.

[196] CHEN M S, HWANG Y R, TOMIZUKA M. A State-Dependent Boundary Layer Design for Sliding Mode Control[J]. IEEE Transactions on Automatic Control, 2002, 47(10): 1677-1681.

[197] MAKRINI I E, RODRIGUEZ G C, LEFEBER D, et al. The Variable Boundary Layer Sliding Mode Control: a Safe and Performant Control for Compliant Joint Manipulators[J]. IEEE Robotics & Automation Letters, 2017, 2(1): 187-192.

[198] LU L, ZHENG W X, DING S H. High-Order Sliding Mode Controller Design Subject to Lower-Triangular Nonlinearity and Its Application to Robotic System [J]. Journal of the Franklin Institute, 2020, 357(15): 10367-10386.

[199] CUCUZZELLA M, INCREMONA G P, FERRARA A. Design of Robust Higher Order Sliding Mode Control for Microgrids[J]. IEEE Journal on Emerging and Selected Topics in Circuits and Systems, 2015, 5(3): 393-401.

[200] LI T H, HUANG Y C. MIMO Adaptive Fuzzy Terminal Sliding-Mode Controller for Robotic Manipulators[J]. Information Sciences, 2010, 180(23): 4641-4660.

[201] KHALAJI A K, MOOSAVIAN S A. Adaptive Sliding Mode Control of a Wheeled Mobile Robot Towing a Trailer[J]. Proceedings of the Institution of Mechanical Engineers Part I

Journal of Systems & Control Engineering, 2014, 229(2): 169-183.

[202] XU D, ZHAO D, YI J, et al. Trajectory Tracking Control of Omnidirectional Wheeled Mobile Manipulators: Robust Neural Network-Based Sliding Mode Approach[J]. IEEE Transactions on Systems, Man, and Cybernetics, Part B(Cybernetics), 2009, 39(3): 788-799.

[203] HOANG N B, KANG H J. Neural Network-Based Adaptive Tracking Control of Mobile Robots in the Presence of Wheel Slip and External Disturbance Force[J]. Neurocomputing, 2016, 188: 12-22.

[204] WU H M, KARKOUB M. Hierarchical Fuzzy Sliding-Mode Adaptive Control for the Trajectory Tracking of Differential-Driven Mobile Robots[J]. International Journal of Fuzzy Systems, 2019, 21: 33-49.

[205] 张佳媛，李洪波，刘贺平. 基于分段模糊 Lyapunov 函数的轮式移动机器人轨迹跟踪控制[J]. 工程科学学报，2015，37（7）：955-964.

[206] 王洪斌，李铁龙，郭继丽. 机器人的神经网络鲁棒轨迹跟踪控制[J]. 电机与控制学报，2005，9（2）：145-147，150.

[207] 弓洪玮，郑维. 机器人轨迹跟踪的自适应模糊神经网络控制[J]. 计算机仿真，2010，27（8）：145-149.

[208] 刘钰，周川，张燕，等. 基于 RBF 神经网络的轮式移动机器人轨迹跟踪控制[J]. 计算机工程与设计，2011，32（5）：1804-1806，1832.

[209] FEI J, DING H. Adaptive Sliding Mode Control of Dynamic System Using RBF Neural Network[J]. Nonlinear Dynamics, 2012, 70: 1563-1573.

[210] BOUKENS M, BOUKABOU A, CHADLI M. Robust Adaptive Neural Network-Based Trajectory Tracking Control Approach for Nonholonomic Electrically Driven Mobile Robots[J]. Robotics & Autonomous Systems, 2017, 92: 30-40.

[211] HE W, DONG Y. Adaptive Fuzzy Neural Network Control for a Constrained Robot Using Impedance Learning[J]. IEEE Transactions on Neural Networks & Learning Systems, 2017, 29(4): 1174-1186.

[212] 马东，董力元，王立玲，等. 移动机器人 RBF 神经网络自适应 PD 跟踪控制[J]. 控制工程，2020，27（12）：2092-2098.

[213] WANG D, HUANG J. Neural Network-Based Adaptive Dynamic Surface Control for a Class

of Uncertain Nonlinear Systems in Strict-Feedback Form[J]. IEEE Transactions on Neural Networks, 2005, 16(1): 195-202.

[214] CHEN W, JIAO L. Adaptive Tracking for Periodically Time-Varying and Nonlinearly Parameterized Systems Using Multilayer Neural Networks[J]. IEEE Transactions on Neural Networks, 2010, 21(2): 345-351.

[215] 康亮，赵春霞，郭剑辉. 履带式移动机器人轨迹跟踪研究[J]. 计算机科学，2009，36（6）：241-244.

[216] CHEN C Y, LI T H S, YEH Y C, et al. Design and Implementation of an Adaptive Sliding-Mode Dynamic Controller for Wheeled Mobile Robots[J]. Mechatronics, 2009, 19(2): 156-166.

[217] SATO M, KANDA A, ISHII K. A Switching Controller System for a Wheeled Mobile Robot[J]. Journal of Bionic Engineering, 2007, 4(4): 281-289.

[218] 沙林秀，王凯. 基于 PSO 的钻机快速自适应 PID 控制[J]. 控制工程，2021，28（3）：519-523.

[219] ZHANG L, LIU L, ZHANG S. Design, Implementation, and Validation of Robust Fractional-Order PD Controller for Wheeled Mobile Robot Trajectory Tracking[J]. Complexity, 2020, 27(4): 1-12.

[220] SALEH A L, HUSSAIN M A, KLIM S M. Optimal Trajectory Tracking Control for a Wheeled Mobile Robot Using Fractional Order PID Controller[J]. Journal of University of Babylon for Engineering Sciences, 2018, 26(4): 292-306.

[221] LU X, FEI J. Velocity Tracking Control of Wheeled Mobile Robots by Fuzzy Adaptive Iterative Learning Control [A]. 东北大学、IEEE 新加坡工业电子分会. 第 28 届中国控制与决策会议论文集（中）[C]. 东北大学、IEEE 新加坡工业电子分会：《控制与决策》编辑部，2016：4242-4247.

[222] ABOUGARAIR A J. Controllers Comparison to Balancing and Trajectory Tracking of Two Wheeled Mobile Robot[J]. International Journal of Robotics and Automation, 2019, 5(1): 28-31.

[223] PARK J, KIM J, PARK N, et al. Study of Forming Limit for Rotational Incremental Sheet Forming of Magnesium Alloy Sheet[J]. Metallurgical and Materials Transactions A, 2010,

41(1): 97-105.

[224] JUN C, LIN W. "Track Tracking of Double Joint Robot Based on Sliding Mode Control, " 2020 IEEE 3rd International Conferenceon Information Systemsand Computer Aided Education(ICISCAE), Dalian, China, 2020, pp.626631, doi: 10.1109/ICISCAE51034. 2020. 9236895.

[225] TABATABA'I-NASAB F S, MOOSAVIAN S A A, KHALAJI A K. "Tracking Control of an Autonomous Underwater Vehicle: Higher-Order Sliding Mode Control Approach, " 2019 7th International Conference on Robotics and Mechatronics (ICRoM), Tehran, Iran, 2019, pp.114-119, doi: 10.1109/ICRoM48714.2019.9071866.

[226] HUANG J M, GAO C H. Influence of Deformation Characteristic of Rough Surface on Frictional Temperature and Contact Pressure[J].Journal of Agricultural Machinery, 2012, 43(4): 202-206.

[227] ASAI M, CHEN G, TAKAMI I. "Neural Network Trajectory Tracking of Tracked Mobile Robot, " 2019 16th International Multi-Conference on Systems, Signals&Devices(SSD), Istanbul, Turkey, 2019, pp.225230, doi: 10.1109/SSD.2019.8893152.

[228] PERKINS W E, HUNG J Y, "Trajectory Tracking Control for an Underwater Vehicle Manipulator System Using a Neural-adaptive Network, " 2019 Southeast Con, Huntsville, AL, USA, 2019, pp.16, doi: 10.1109/SoutheastCon42311.2019.9020372.

[229] 韩俊，任国全，李冬伟. 考虑运动受限的履带式移动机器人轨迹跟踪控制[J]. 计算机测量与控制，2017，25（12）：86-89.

[230] 卞永明，杨濛，刘宇超，等. 履带式移动机器人轨迹跟踪控制技术研究[J]. 中国工程机械学报，2018，16（3）：189-193，206.

[231] 张兴会，王仲民，邓三鹏，等. 基于控制 Lyapunov 函数的履带式移动机器人轨迹跟踪[J]. 制造业自动化，2011，33（1）：202-203，207.

[232] SAIDI I, SOHNOUN H, HAJAIEJ Z. PID Controller Design for Trajectory Tracking of Veloce Robot[C] IEEE International Conference on Signal, Control and Communication. IEEE, 2019.

[233] HAIRONG M, RUI L. Design of High Precision PID Model for Controlling Trajectory of Industrial Robot[J]. Automation & Instrumentation, 2018.

[234] ZHANG L, LIU L, ZHANG S. Design, Implementation, and Validation of Robust Fractional-Order PD Controller for Wheeled Mobile Robot Trajectory Tracking[J]. Complexity, 2020.

[235] ABOUGARAIR A J. Controllers Comparison to Balancing and Trajectory Tracking a two Wheeled Mobile Robot[J]. International Journal of Robotics and Automation, 2019.

[236] QIU Y, LI B, SHI W, et al. Visual Servo Tracking of Wheeled Mobile Robots With Unknown Extrinsic Parameters[J]. IEEE Transactions on Industrial Electronics, 2019: 1-1.

[237] OVALLE L, HÉCTOR Ríos, LLAMA MA, et al.Mobile Robot Robust Tracking: Sliding-Mode Output-Based Control Approaches[J]. Control Engineering Practice, 2019, 85: 50-58.

[238] MALLEM A, NOURREDINE S, BENAZIZA W. Mobile Robot Trajectory Tracking Using PID Fast Terminal Sliding Mode Inverse Dynamic Control[C] 2016 4th International Conference on Control Engineering & Information Technology (CEIT). IEEE, 2017.

[239] HUANG H, YANG C, CHEN C L P. Optimal Robot-Environment Interaction Under Broad Fuzzy Neural Adaptive Control[J]. IEEE Transactions on Cybernetics, 2020(99): 1-12.

[240] APRO, AWJZ, BMMG. An Adaptive Switching Learning Control Method for Trajectory Tracking of Robot Manipulators[J]. Mechatronics, 2006, 16(1): 51-61.

[241] 江道根, 吕龙进, 潘世华, 等. 移动机器人轨迹跟踪快速终端滑模自抗扰控制[J]. 控制工程. https://doi.org/10.14107/j.cnki.kzgc.20200059.

[242] 高兴泉, 丁三毛, 黄东冬, 等. 一种轮式移动机器人滑模轨迹跟踪控制器设计及其参数优化方法[J]. 吉林化工学院学报, 2021, 38（1）: 47-51.

[243] 艾青林, 王国栋, 徐巧宁. 基于改进趋近律滑模控制的钢结构柔性探伤机器人轨迹跟踪[J]. 高技术通讯, 2020, 30（12）: 1264-1273.

[244] LAN X, WU Z, XU W, et al. Adaptive-Neural-Network-Based Shape Control for a Swarm of Robots[J]. Complexity, 2018: 1-8.

[245] TINH N, LINH L E. Neural Network-Based Adaptive Tracking Control for a Nonholonomic Wheeled Mobile Robot with Unknown Wheel Slips, Model Uncertainties, and Unknown Bounded Disturbances[J]. Turkish Journal of Electrical Engineering & Computer Sciences, 2018, 26: 378-392.

[246] 史先鹏，刘士荣，刘斐，等. 非完整移动机器人的神经网络滑模自适应轨迹跟踪控制[J]. 华东理工大学学报（自然科学版），2010，36（5）：695-701.

[247] 弓洪玮，郑维. 机器人轨迹跟踪的自适应模糊神经网络控制[J]. 计算机仿真，2010，27（8）：145-149.

[248] 付涛，王大镇，弓清忠，等. 改进神经网络自适应滑模控制的机器人轨迹跟踪控制[J]. 大连理工大学学报，2014，54（5）：523-530.

[249] ASAI M, CHEN G, TAKAMI I. "Neural Network Trajectory Tracking of Tracked Mobile Robot," 2019 16th International Multi Conference on Systems, Signals&Devices(SSD), Istanbul, Turkey, 2019, pp.225230, doi: 10.1109/SSD.2019.8893152.

[250] MENG-HAN X, WEN-SHENG S. "RBF Neural Network PID Trajectory Tracking Based on 6-PSS Parallel Robot," 2019 Chinese Automation Congress (CAC), Hangzhou, China, 2019, pp. 5674-5678, doi: 10.1109/CAC48633.2019.8996255.

[251] DENG J, LI Z, SU C Y, "Trajectory Tracking of Mobile Robots Based on Model Predictive Control Using Primal Dual Neural Network," Proceedings of the 33rd Chinese Control Conference, Nanjing, 2014, pp. 8353-8358, doi: 10.1109/ChiCC.2014.6896401.

[252] LI Z, DENG J, LU R, et al. "Trajectory-Tracking Control of Mobile Robot Systems Incorporating Neural-Dynamic Optimized Model Predictive Approach," in IEEE Transactions on Systems, Man, and Cybernetics: Systems, vol. 46, no. 6, pp. 740-749, June 2016, doi: 10.1109/TSMC.2015.2465352.

[253] HAO S. "Optimal Design of Robust Control for Fuzzy Mechanical Systems: Performance-Based Leakage and Confidence-Index Measure." IEEE Transactions on Fuzzy Systems 27.7(2019): 1441-1455.

[254] DONG F. "Adaptive Robust Constraint Following Control for Omnidirectional Mobile Robot: An Indirect Approach." IEEE Access PP.99(2021): 1-1.

[255] XIN L. "Robust Adaptive Tracking Control of Wheeled Mobile Robot." Robotics & Autonomous Systems (2016): 36-48.

[256] SHU P, OYA M, ZHAO J. "A New Adaptive Tracking Control Scheme of Wheeled Mobile Robot without Longitudinal Velocity Measurement." International Journal of Robust and Nonlinear Control (2018).

[257] ROY S, ROY S B, KAR I N. "Adaptive–Robust Control of Euler–Lagrange Systems With Linearly Parametrizable Uncertainty Bound." IEEE Transactions on Control Systems Technology 26.5(2018): 1842-1850.

[258] ROY S. "Robust Control of Nonholonomic Wheeled Mobile Robot with Past Information: Theory and experiment." Proceedings of the Institution of Mechanical Engineers Part I Journal of Systems and Control Engineering 231.I3(2017): 095965181769164.

[259] HUANG D, ZHAI J, AI W, et al. Disturbance Observer-baSed Robust Control for Trajectory Tracking of Wheeled Mobile Robots. Neurocomputing, 2016, 198(19): 74-79.

[260] IBRAHIM F, ABOUELSOUD A A, EL-BAB A M F, et al. Discontinuous Stabilizing Control of Skid-Steering Mobile Robot (SSMR)[J]. Journal of Intelligent and Robotic Systems, 2019.

[261] BOUKENS M, BOUKABOU A. Design of an Intelligent Optimal Neural Network-Based Tracking Controller for Nonholonomic Mobile Robot Systems[J]. Neurocomputing, 2016: S0925231216314308.

[262] ALI M, NOUREDDINE S, WALID B. Robust Control of Mobile Robot in Presence of Disturbances Using Neural Network and Global Fast Sliding Mode[J]. Journal of Intelligent and Fuzzy Systems, 2018, 34(6): 4345-4354.

[263] GUO P, LIANG Z, WANG X, et al. Adaptive Trajectory Tracking of Wheeled Mobile Robot Based on Fixed-Time Convergence with Uncalibrated Camera Parameters[J]. ISA Transactions, 2020(99): 1-8.

[264] HU H, WANG X, CHEN L. Impedance with Finite-Time Control Scheme for Robot-Environment Interaction[J]. Mathematical Problems in Engineering, 2020(1): 1-18.

[265] YE H, WANG S. Trajectory Tracking Control for Nonholonomic Wheeled Mobile Robots with External Disturbances and Parameter Uncertainties[J]. International Journal of Control Automation and Systems, 2020(7).

[266] FENG, X, WANG C. Robust Adaptive Terminal Sliding Mode Control of an Omnidirectional Mobile Robot for Aircraft Skin Inspection[J]. International Journal of Control, Automation and Systems, 2020: 1-11.

[267] KOUBAA Y, BOUKATTAYA M, DAMAK T. Adaptive Sliding Mode Control for Trajectory Tracking of Nonholonomic Mobile Robot with Uncertain Kinematics and Dynamics[J].

Applied Artificial Intelligence, 2018, 32(7-10): 924-938.

[268] NASIR M T, EL-FERIK S. Adaptive Sliding-Mode Cluster Space Control of a Non-Holonomic Multi-Robot System with Applications[J]. Iet Control Theory & Applications, 2017, 11(8): 1264-1273.

[269] CE H, HONGBIN W, XIAOYAN C, et al. Finite-Time Switched Second-Order Sliding-Mode Control of Nonholonomic Wheeled Mobile Robot Systems[J]. Complexity, 2018: 1-10.

[270] CAO, Z, YIN L, FU Y, et al. Robust Adaptive Control for Vision-Based Stabilization of a Wheeled Humanoid Robot[J]. International Journal of Humanoid Robotics, 2016, 13(3): 1650010.

[271] YOUSUF B M, KHAN A S, NOOR A. Multi-Agent Tracking of Non-Holonomic Mobile Robots via Non-Singular Terminal Sliding Mode Control[J]. Robotica, 2019, 38(11): 1-17.

[272] CHEN Y, LI Z G, KONG H, et al. Model Predictive Tracking Control of Nonholonomic Mobile Robots With Coupled Input Constraints and Unknown Dynamics[J]. IEEE Transactions on Industrial Informatics, 2018: 1-1.

[273] MV A, MV A, PA B, et al. A Family of Saturated Controllers for UWMRs[J]. ISA Transactions 2020, 100: 495-509.

[274] ZHAO T, LIU Y, LI Z, et al. Adaptive Control and Optimization of Mobile Manipulation Subject to Input Saturation and Switching Constraints[J]. IEEE Transactions on Automation ence and Engineering, 2018: 1543-1555.

[275] BUTT K M, SEPEHRI N. A Nonlinear Integral Sliding Surface to Improve the Transient Response of a Force-Controlled Pneumatic Actuator With Long Transmission Lines[J]. Journal of Dynamic Systems Measurement and Control, 2019, 141(12).

[276] CAO Q, SUN Z, XIA Y, et al. Self-Triggered MPC for Trajectory Tracking of Unicycle-Type Robots with External Disturbance[J]. Journal of the Franklin Institute, 2019, 356(11): 5593-5610.

[277] ALI M, NOUREDDINE S, WALID B. Robust Control of Mobile Robot in Presence of Disturbances Using Neural Network and Global Fast Sliding Mode[J]. Journal of Intelligent and Fuzzy Systems, 2018, 34(6): 4345-4354.

[278] MA J, GE S S, ZHENG Z, et al. Adaptive NN Control of a Class of Nonlinear Systems with

Asymmetric Saturation Actuators[J]. IEEE Transactions on Neural Networks and Learning Systems, 2015, 26(7): 1532-1538.

[279] SUN S H. On Spectrum Distribution of Completely Controllable Linear Systems[J]. Acta Mathematica Sinica, 1978, 19(6): 730-743.

[280] XU Z, HAROUTUNIAN M, MURPHY A J, et al. A Comparison of Functional Control Strategies for Underwater Vehicles: Theories, Simulations and Experiments[J]. Ocean Engineering, 2020, 215: 107822.

[281] 吴卫国. 移动机器人的全局轨迹跟踪控制[J]. 自动化学报, 2001, 27 (3): 326-331.

[282] XIA Y Q, PU F, Li S F, et al. Lateral Path Tracking Control of Autonomous Land Vehicle Based on ADRC and Differential Flatness[J]. IEEE Transactions on Industrial Electronics, 2016, 63(5): 3091-3099.

[283] 吴艳, 王丽芳, 李芳. 基于滑模自抗扰的智能车路径跟踪控制[J]. 控制与决策, 2019, 34 (10): 2151-2156.

[284] 闫茂德, 吴青云, 贺昱曜. 非完整移动机器人的自适应滑模轨迹跟踪控制[J]. 系统仿真学报, 2007, 19 (3): 579-581, 584.